服装裁剪与缝纫

▶ 视频教程

张灵霞　主编

化学工业出版社
·北京·

内 容 简 介

《服装裁剪与缝纫视频教程》是作者总结十多年的工作和教学经验编著而成。本书内容全面，包含了服装制图基础知识和服装缝纫基础知识，款式涵盖了服装中的各个大类，包括裙子、裤子、衬衫、西服、大衣、旗袍的款式制图以及缝制工艺制作方法。

本书注重服装基础知识学习和基本技能的训练，书中所有服装款式都与市场接轨，服装制图和缝制工艺制作过程每一环节都配有对应的图片和视频讲解，读者即使没有基础也可以轻松学习掌握服装裁剪和缝纫技术。

本书图文并茂、通俗易懂，可作为服装技术人员技术培训用书，也可作为高等学校服装专业学生教学、参考用书。

图书在版编目（CIP）数据

服装裁剪与缝纫视频教程 / 张灵霞主编. —北京：
化学工业出版社，2023.8
ISBN 978-7-122-43415-9

Ⅰ. ①服… Ⅱ. ①张… Ⅲ. ①服装量裁 - 教材 ②服装缝制 - 教材 Ⅳ. ①TS941.63

中国国家版本馆 CIP 数据核字（2023）第 077928 号

责任编辑：邵桂林　　　　　　　　　　　　　　文字编辑：张熙然　刘洋洋
责任校对：宋　夏　　　　　　　　　　　　　　装帧设计：梧桐影

出版发行：化学工业出版社（北京市东城区青年湖南街 13 号　邮政编码 100011）
印　　装：大厂聚鑫印刷有限责任公司
787mm×1092mm　1/16　印张 11¾　字数 241 千字　2023 年 9 月北京第 1 版第 1 次印刷

购书咨询：010-64518888　　　　　　　　　　售后服务：010-64518899
网　　址：http://www.cip.com.cn
凡购买本书，如有缺损质量问题，本社销售中心负责调换。

定　　价：59.00 元

▶ 前言

　　服装设计是一个应用型学科,与其他学科相比,不仅仅需要学生掌握专业基础理论知识和前沿流行时尚信息,更需要培养学生动手设计创新与实践能力,从而适应服装创意产业的发展、服装生产企业技术升级,满足对应用型服装设计人才的需求。此外,经济发展及人们收入水平的提高形成了对时尚产品的个性化需求和文化诉求,使创意产业规模也日趋庞大。但是以往的服装设计教学主要是艺术方面的内容,对科技重视不够。近年来,新型服装材料和数字化技术发展迅速,为服装设计提供了无限的想象力、创新思路和手段。因此,以培养应用型、创新型的服装人才为目标,积极渗透时尚和科技融合的理念,使学生掌握先进的材料和设计手段,从而培养学生的设计制作创新能力也势在必行。

　　本书总结了编者十多年的工作和教学经验,并结合了当今市场流行款式进行编写,具有以下特点。

　　一、内容全面。涵盖了服装款式中的各个大类,包括裙子、裤子、衬衫、西服、大衣、旗袍等,适合每个层次的专业学习。

　　二、图文并茂。书中针对每一个类别选择有代表性的款式进行制图,制图步骤都有详细的绘图过程说明,在图片中标注了详细的尺寸,并带有视频讲解。缝纫加工的每个步骤都配备了详细的文字说明,并附工艺制作图片以及操作视频。

　　三、创新特色。本书采用了视频讲解方式,读者可以随时扫描页面上的二维码观看制作视频,视频和图文相结合的方式,犹如现场教学。

　　本书旨在帮助读者掌握服装制图和缝纫的基础知识,并能够举一反三。由于作者水平有限,难免有疏漏之处,敬请有关专家和广大读者予以批评指正。

编　者
2023年3月

▶ 目录

第九章　**时尚服装款式制图**

第一章

服装
基础知识

服装制图是把人体的立体结构造型转化为平面结构进行制图，在这一工程中要考虑人体的体型特征、运动机能、运动范围和面料的特性，运用数据推理、公式计算等方法来绘制符合人体需求的结构图。因此在制图之前要充分学习服装制图的基础知识，只有掌握了这些知识才能从根本上理解服装结构制图的原理，从而设计出能够美化人体的服装。

第一节　服装制图基础

在学习服装制图之前，首先要学习服装各部位的名称，以便理解书中结构图及文字说明，从而掌握服装结构制图知识。

一、服装制图各部位名称

服装制图各部位名称见图1-1～图1-5。

图1-1　原型部位尺寸

图1-2 女衬衫部位尺寸

图1-3 女西服部位尺寸

图1-4 大衣部位尺寸

图1-5 裤子部位尺寸

二、服装部位制图名称、代号

服装部位制图名称、代号见表1-1。

表1-1　服装部位制图名称、代号

序号	中文	英文	缩写代号
1	长度	body length	L
2	肩宽	shoulder width	S
3	胸围	bust girth	B
4	腰围	waist girth	W
5	臀围	hip girth	H
6	领围	neck girth	N
7	领座	stand collar	SC
8	领高	collar rib	CR
9	领宽	neck width	NW
10	领围线	neck line	NL
11	胸围线	bust line	BL
12	上胸围线	chest bust line	CBL
13	下胸围线	under bust line	UBL
14	腰围线	waist line	WL
15	臀围线	hip line	HL
16	中臀围线	middle hip line	MHL
17	袖肘线	elbow line	EL
18	横裆线	crotch line	CL
19	膝围线	knee line	KL
20	前中心线	front central line	FC
21	后中心线	back central line	BC
22	颈前点	front neck point	FNP
23	颈椎（后）点	back neck point	BNP
24	颈侧点	side neck point	SNP
25	肩端点	shoulder point	SP
26	胸高点	bust point	BP
27	前胸宽	front bust width	FBW
28	后背宽	back bust width	BBW
29	前衣长	front length	FL
30	后衣长	back length	BL
31	前腰节长	front waist length	FWL
32	后腰节长	back waist length	BWL

序号	中文	英文	缩写代号
33	袖长	sleeve length	SL
34	袖窿弧长	arm hole	AH
35	袖窿深	arm hole line	AHL
36	袖肥	biceps circumference	BC
37	袖口	cuff width	CW
38	袖山	arm top	AT
39	裤长	trousers length	TL
40	裙长	shirt length	SL
41	股下长	inside length	IL
42	前裆弧长	front rise	FR
43	后裆弧长	back rise	BR
44	脚口	slacks bottom	SB
45	头围	head size	HS

三、服装结构制图符号

服装结构制图符号见表1-2。

表1-2　绘图、裁剪、缝纫符号表

序号	名称	符号	用途
1	粗实线	——————	服装或零部件的轮廓线、裁剪线
2	细实线	——————	服装制图的基础线、辅助线、标示线
3	虚线	- - - - - - - - -	表示叠压在下层的轮廓线
4	点画线	—·—·—·—	表示连折或对折
5	双点画线	—··—··—··	表示折转，如翻驳领的翻折线
6	等分线	⌒⌒	表示该段距离平均等分
7	等长符号	⟩○⟨ ⟩#⟨	表示两条线段的长度相等
8	等分符号	▲ ■ ● □ ○	表示尺寸相同的部位
9	距离线	→‖← ←—→	表示部位起始点之间的距离
10	经纱向	↙————↗	表示材料的经向，箭头两端与面料经向平行
11	毛向号	————→	表示方向的符号，如印花或毛绒材料裁剪时必须保持相同方向
12	斜纱向	⤬	表示面料斜裁，与直纱向保持45°
13	直角	⌐	表示相交的两条线是90°直角

续表

序号	名称		符号	用途
14	拼合符号			表示两部分在裁剪时需拼合在一起成一个整体
15	归拢			表示某部位需用高温定型将其尺寸归拢缩小
16	拔开			表示某部位需用高温定型将其尺寸拉伸放大
17	剪切符号			表示由此处剪开
18	重叠符号			表示双轨线共处的地方为纸样重叠部分，需再次分离复制样板
19	省略符号			表示尺寸很长，裁剪中省略裁片的某一部位
20	缩缝符号			表示某部分缝合时均匀收缩
21	橡筋符号			表示某一部分需加入橡皮筋缝合
22	拉链符号			表示此处需绱拉链
23	纽扣符号			表示纽扣的位置
24	扣眼符号			表示扣眼的位置及方向
25	省道符号	枣核省		省的作用是让服装变得更加合体。根据设计者的造型要求，省的形状也是多变的
		锥形省		
		宝塔省		
26	活褶符号	左、右单褶		褶比省在功能和形式上更加灵活，褶更富有表现力。注意活褶斜线符号的方向，打褶的方向总是从斜线的上方倒向下方，划斜线的宽度表示褶的宽度
		明褶、暗褶		
27	开省			表示此部位省道需要剪开
28	钻眼号			表示衣片部位标记
29	刀眼符号			表示衣片部位对位标记
30	净样号			表示样板没放缝份，是净板
31	毛样号			表示样板已放缝份，是毛板
32	明线号			表示缝纫需要缉明线的部位
33	对格符号			表示格纹面料要求裁片及缝合时格纹要对齐，符号的纵横线应对应布纹
34	对条符号			表示条纹面料要求裁片及缝合时条纹要对齐，符号的纵横线应对应布纹
35	对花符号			表示花纹面料要求裁片及缝合时花纹要对齐

第二节　服装测量

一、服装测量方法

服装测量方法见图1-6～图1-10、表1-3～表1-7。

图1-6　裙子测量方法示意图

表1-3　裙子测量部位及方法

序号	部位	测量方法
1	腰围	扣上扣子和拉链，沿腰头上口横量
2	臀围	沿臀高点，水平下摆方向横量
3	下摆围	沿裙下摆处，水平横量
4	腰头高	直量腰头的高度
5	臀高	腰头辅料下方直量至臀围线处
6	裙长	由腰头上口垂直测量到下摆的长度
7	拉链长	直量拉链的起点到终点
8	开衩长	直量开衩的起点到终点

图1-7 裤子测量方法示意图

表1-4 裤子测量部位及方法

序号	部位	测量方法
1	腰围	扣上扣子和拉链，沿腰头上口横量
2	臀围	底裆点向上8cm左右横量，前后分别测量
3	膝围	中裆处，水平横量
4	脚口	裤脚管摊平横量
5	腰头高	直量腰头的高度
6	裤长	由腰上口沿侧缝摊平垂直测量至脚口
7	前后裆（浪）	前腰中缝弧量到裆底缝为前浪，后腰中缝弧量到裆底缝为后浪
8	门襟长	前腰口底处至门襟底边缝线的垂直距离

图1-8 衬衫测量方法示意图

表1-5 衬衫测量部位及方法

序号	部位	测量方法
1	肩宽	左肩缝至右肩缝之间的横量距离
2	胸围	扣好纽扣，袖窿深向下2.5cm处，水平横量
3	腰围	腰节线处，一般情况为腰的最细处横量
4	下摆围	衣服铺平，下摆侧缝至侧缝之间的距离，水平横量
5	衣长	肩部最高点垂直量至底边
6	袖长	肩端点到袖口边的直线距离
7	袖宽	袖窿深向下2.5cm处，水平横量
8	袖口	沿袖口边横量
9	领围	领子摊平横量，从扣眼前段到扣子中心的距离

图1-9　连衣裙测量方法示意图

表1-6　连衣裙测量部位及方法

序号	部位	测量方法
1	肩宽	左肩缝至右肩缝之间的横量距离
2	领宽	领口两边端点之间的水平距离
3	胸围	袖窿深向下2.5cm处，水平横量
4	腰围	腰节线处，上衣与下裙腰部接缝处水平横量
5	下摆围	将裙子下摆展开，沿下摆处，水平横量
6	衣长	领侧最高点垂直量至裙底边

图1-10　女西服测量方法示意图

表1-7　女西服测量部位及方法

序号	部位	测量方法
1	肩宽	左肩缝至右肩缝之间的横量距离
2	胸围	扣好纽扣，袖窿深向下2.5cm处，水平横量
3	腰围	腰节线处，一般情况为腰的最细处横量
4	下摆围	衣服铺平，下摆侧缝至侧缝之间的距离，水平横量
5	衣长	领侧肩部最高点垂直量至底边
6	袖长	肩端点到袖口边的直线距离
7	袖宽	袖窿深向下2.5cm处，水平横量
8	袖口	沿袖口边横量
9	领深	肩最高点垂直量到首粒扣的中心

二、服装号型与规格

　　服装规格尺寸，除了有量体裁衣外还有国家标准的服装号型规格，标准号型规格是通过测量我国人口的大多数及各种体态特征人群而得来的具有代表性和准确性的统一的规格型号。它是服装工业化、规模化、标准化生产的理论依据，同时也为消费者选购服装尺码，提供了可靠的科学依据。

我国第一部国家统一号型标准是在1981年制定的。经过几十年的运用，它的不足渐渐显现出来，在总结经验的基础上进行了多次更为标准化的修订。国家质量监督检验检疫总局（现国家市场监督管理总局）、中国国家标准化管理委员会重新颁布了GB/T 1335.1—2008《服装号型　男子》、GB/T 1335.2—2008《服装号型　女子》和GB/T 1335.3—2009《服装号型　儿童》，并于2009年8月1日及2010年1月1日正式实施。它弥补了过去我国服装规格和标准尺寸只注重成衣号型而不注重人体尺寸的弊端，号型分为成年男体、成年女体和童体三大类。

（一）号型定义

1. 号

"号"指人体的身高，以厘米（cm）为单位表示，是设计和选购服装长短的依据。它控制着长度方向的各种数值。如颈椎点高、坐姿颈椎点高、腰围高、全臂长等，它们会随着"号"的变化而变化。

2. 型

"型"指人体上体胸围或下体腰围，以厘米为单位表示，是设计和选购服装肥瘦的依据。它控制着围度方向的各种数值。如臀围、颈围、肩宽等，它们会随着"型"的变化而变化。

3. 号型表示方法

上装160/84A、下装160/68A。其中"160"就为"号"，"84"和"68"就为"型"。此处提到的"A"为"标准体"的代码，后面将会给大家详细介绍人体体型的分类。

4. 号型应用

165/88A适合身高153～167cm、胸围86～89cm、胸腰差值14～18cm之间的人穿着。

（二）人体体型的分类

为了更标准的区分体型，服装号型还以人体的胸围和腰围的差额为依据进行区分，将人体划分为Y号型、A号型、B号型、C号型四大体型。我国人体女子体型分类见表1-8。

表1-8　我国人体女子体型分类

体型分类代码	女子胸腰差值	体态类型
Y号型	19～24cm	偏瘦体
A号型	14～18cm	标准体
B号型	9～13cm	偏胖体
C号型	4～8cm	肥胖体

（三）号型系列

1. 5·4系列

按身高5cm跳档，胸围或腰围按4cm跳档。

2. 5·2系列

按身高5cm跳档，腰围按2cm跳档。5·2系列，一般只适用于下装。

3. 档差

跳档数值又称为档差。以中间体为中心，向两边按照档差依次递增或递减，从而形成不同的号和型，号与型进行合理的组合与搭配形成不同的号型，号型标准给出了可以采用的号型系列（表1-9～表1-14）。

表1-9　女子服装号型系列分档数值（一）　　　　　　　单位：cm

体型	Y号型								A号型							
部位	中间体		5·4系列		5·2系列		身高、胸围、腰围每增减1cm		中间体		5·4系列		5·2系列		身高、胸围、腰围每增减1cm	
	计算数	采用数	计算数	采用数	计算数	采用数	计算数	采用数	计算数	采用数	计算数	采用数	计算数	采用数	计算数	采用数
身高	160	160	5	5	5	5	1	1	160	160	5	5	5	5	1	1
颈椎点高	136.2	136.0	4.46	4.00			0.89	0.80	136.0	136.0	4.53	4.00			0.91	0.80
坐姿颈椎点高	62.6	62.5	1.66	2.00			0.33	0.40	62.6	62.5	1.65	2.00			0.33	0.40
全臂长	50.4	50.5	1.66	1.50			0.33	0.30	50.4	50.5	1.70	1.50			0.34	0.30
腰围高	98.2	98.0	3.34	3.00	3.34	3.00	0.67	0.60	98.1	98.0	3.37	3.00	3.37	3.00	0.68	0.60
胸围	84	84	4	4			1	1	84	84	4	4			1	1
颈围	33.4	33.4	0.73	0.80			0.18	0.20	33.7	33.6	0.78	0.80			0.20	0.20
总肩宽	39.9	40.0	0.70	1.00			0.18	0.25	39.9	39.4	0.64	1.00			0.16	0.25
腰围	63.6	64.0	4	4	2	2	1	1	68.2	68.0	4	4	2	2	1	1
臀围	89.2	90.0	3.12	3.60	1.56	1.80	0.78	0.90	90.9	90.0	3.18	3.60	1.60	1.80	0.80	0.90

表1-10　女子服装号型系列分档数值（二）　　　　　　　　　　单位：cm

体型	B号型								C号型							
部件	中间体		5·4系列		5·2系列		身高、胸围、腰围每增减1cm		中间体		5·4系列		5·2系列		身高、胸围、腰围每增减1cm	
	计算数	采用数	计算数	采用数	计算数	采用数	计算数	采用数	计算数	采用数	计算数	采用数	计算数	采用数	计算数	采用数
身高	160	160	5	5	5	5	1	1	160	160	5	5	5	5	1	1
颈椎点高	136.3	136.5	4.57	4.00			0.92	0.80	136.5	136.5	4.48	4.00			0.90	0.80
坐姿颈椎点高	63.2	63.0	1.81	2.00			0.36	0.40	62.7	62.5	1.80	2.00			0.35	0.40
全臂长	50.5	50.5	1.68	1.50			0.34	0.30	50.5	50.5	1.60	1.50			0.32	0.30
腰围高	98.0	98.0	3.34	3.00	3.30	3.00	0.67	0.60	98.2	98.0	3.27	3.00	2.37	3.00	0.65	0.60
胸围	88	88	4	4			1	1	88	88	4	4			1	1
颈围	34.7	34.6	0.81	0.80			0.20	0.20	34.9	34.8	0.75	0.80			0.19	0.20
总肩宽	40.3	39.8	0.69	1.00			0.17	0.25	40.5	39.2	0.69	1.00			0.17	0.25
腰围	76.6	78.0	4	4	2	2	1	1	81.9	82.0	4	4	2	2	1	1
臀围	94.8	96.0	3.27	3.20	1.64	1.60	0.82	0.80	96.0	96.0	3.33	3.20	1.66	1.60	0.83	0.80

表1-11　5·4　5·2女子Y号型系列腰围　　　　　　　　　　单位：cm

胸围	身高													
	145		150		155		160		165		170		175	
	腰围													
72	50	52	50	52	50	52	50	52						
76	54	56	54	56	54	56	54	56	54	56				
80	58	60	58	60	58	60	58	60	58	60	58	60		
84	62	64	62	64	62	64	62	64	62	64	62	64	62	64
88	66	68	66	68	66	68	66	68	66	68	66	68	66	68
92			70	72	70	72	70	72	70	72	70	72	70	72
96					74	76	74	76	74	76	74	76	74	76

表1-12　5·4　5·2女子A号型系列腰围　　　　　　　　　　　　　　　单位：cm

胸围	身高																				
	145			150			155			160			165			170			175			
	腰围																				
72				54	56	58	54	56	58	54	56	58									
76	58	60	62	58	60	62	58	60	62	58	60	62	58	60	62						
80	62	64	66	62	64	66	62	64	66	62	64	66	62	64	66	62	64	66			
84	66	68	70	66	68	70	66	68	70	66	68	70	66	68	70	66	68	70	66	68	70
88	70	72	74	70	72	74	70	72	74	70	72	74	70	72	74	70	72	74	70	72	74
92				74	76	78	74	76	78	74	76	78	74	76	78	74	76	78	74	76	78
96										78	80	82	78	80	82	78	80	82	78	80	82

表1-13　5·4　5·2女子B号型系列腰围　　　　　　　　　　　　　　　单位：cm

胸围	身高													
	145		150		155		160		165		170		175		
	腰围													
68			56	58	56	58	56	58						
72	60	62	60	62	60	62	60	62	60	62				
76	64	66	64	66	64	66	64	66	64	66				
80	68	70	68	70	68	70	68	70	68	70	68	70		
84	72	74	72	74	72	74	72	74	72	74	72	74	72	74
88	76	78	76	78	76	78	76	78	76	78	76	78	76	78
92	80	82	80	82	80	82	80	82	80	82	80	82	80	82
96			84	86	84	86	84	86	84	86	84	86	84	86
100					88	90	88	90	88	90	88	90	88	90
104							92	94	92	94	92	94	92	94

表1-14　5·4　5·2女子C号型系列腰围　　　　　　　　　　　　　　　单位：cm

胸围	身高													
	145		150		155		160		165		170		175		
	腰围													
68	60	62	60	62	60	62								
72	64	66	64	66	64	66	64	66						

续表

胸围	身高													
	145		150		155		160		165		170		175	
	腰围													
76	68	70	68	70	68	70	68	70						
80	72	74	72	74	72	74	72	74	72	74				
84	76	78	76	78	76	78	76	78	76	78	76	78		
88	80	82	80	82	80	82	80	82	80	82	80	82		
92	84	86	84	86	84	86	84	86	84	86	84	86	84	86
96			88	90	88	90	88	90	88	90	88	90	88	90
100			92	94	92	94	92	94	92	94	92	94	92	94
104					96	98	96	98	96	98	96	98	96	98
108							100	102	100	102	100	102	100	102

第三节　服装常用面料

服装以面料制作而成，面料即用来制作服装的主体材料，也可称为"织物"。作为服装的三要素之一，面料可以诠释服装的外观风格和服用特性，而且对服装的色彩、造型的表现效果起着主要的作用。日常使用的服装面料种类繁多，各类织物除了按其组成成分、加工方法、后整理方式等分类外，还常常以其特殊的外观风格及质感命名，本章主要介绍不同种类面料的品种、风格特征及用途。

一、棉纤维面料及主要服用性能特点

棉织物是以棉纤维为原材料的织物，又称棉布（图1-11、图1-12）。棉织物以优良的天然性能、穿着舒适物美价廉而成为广大消费者所喜爱的服装面料之一。棉织物因其加工方法、组织结构及后整理的方法不同分为不同的种类，其品种齐全、风格各异，为服装加工提供了丰富的织物品种。主要的服用性能特点如下：

①棉纤维纤维细而短，制成的棉织物手感柔软、光泽柔和，富有自然美感。

②吸湿性、透气性好，穿着柔软舒适，保暖性好。

③弹性差，易皱，起褶皱后不易恢复，保形性、尺寸稳定性差。

④有天然转曲，纤维易于饱和，可纺性好。

⑤有较高的强度，湿强比干强要高。

⑥染色性好，色泽鲜艳，色谱齐全。

⑦ 耐水洗，不易虫蛀，易霉变。

⑧ 耐碱性强，耐酸性较差，耐热性较好。

图1-11 棉纤维

图1-12 棉纤维面料

二、麻纤维面料及主要服用性能特点

麻织物是由麻纤维纺纱、织造加工而成的织物（图1-13、图1-14），比较常见的麻织物有苎麻织物和亚麻织物，品种相对其他天然纤维略少，但因其独特的粗犷风格和干爽透湿性能，穿着起来凉爽、舒适，具有休闲、自然等特点，其价格介于棉布与丝绸之间，深受广大消费者喜爱，是夏季最理想的服装用料。麻织物的品种常见的有纯麻织物、混纺麻织物。主要的服用性能特点如下：

① 天然纤维中麻织物的强度最高，坚牢耐用。

② 麻织物的吸湿性好，干爽舒适，透气性好。

③ 麻织物具有较好的防水、耐腐蚀性，不易霉烂且不虫蛀。

④ 本白或漂白麻布，光泽自然柔和，染色性好，具有独特的色调及外观风格。

⑤ 麻织物比棉织物硬挺。

⑥ 各种麻织物均有较好耐碱性，热酸易破坏。

⑦ 麻织物的缺点是易褶皱，有褪色和缩水现象。

图1-13 麻纤维

图1-14 麻纤维面料

三、毛纤维面料及主要服用性能特点

毛织物在天然纤维以中高档著称，又被称为呢绒面料，其中以羊毛为主要原料（图1-15、图1-16）。按照生产工艺的不同，毛织物主要分为精纺毛织物和粗纺毛织物两种。

精纺毛织物又称为精纺呢绒或精梳呢绒，由精梳毛纱织制而成。采用的毛纤维品质较高，纤维细，经过精梳的工艺后，毛织物表面光洁，纹理清晰，手感柔软，富有弹性，平整挺括，具有耐穿及不容易变形的特点。适合做春夏秋高档衣料、西服面料，以及各种场合礼服面料。

粗纺毛织物以粗梳毛纱织制而成，又称粗纺呢绒或粗梳呢绒，毛纱表面毛羽多，纱支也较粗，粗纺毛织物一般经过缩绒和起毛处理，手感柔软且厚实，身骨挺实，保暖性好，质地紧密，呢面丰满，表面有绒毛覆盖，不露或半露底纹，适宜做秋冬季外衣。毛纤维面料（图1-17）主要的服用性能特点如下：

① 纯毛织物光泽柔和自然、手感柔软富有弹性，属于高档或中高档服装用料。

② 毛织物具有较好的弹性和抗皱性，保形性好。

③ 羊毛不易导热，保温性能好，并且吸湿性很好，染色性能优良。

④ 毛织物耐酸不耐碱。

⑤ 毛织物不耐高温。

⑥ 毛织物的燃烧性能同丝织物，具有烧毛臭味。

⑦ 毛织物的耐光性和防虫蛀性较差。

图1-15　毛纤维　　　　　图1-16　毛纤维纱线　　　　　图1-17　毛纤维面料

四、丝纤维面料及主要服用性能特点

丝织物属于服装中的高档服装用料，主要以天然纤维中的桑蚕丝、柞蚕丝以及各种人造丝、合成丝纤维织造而成，蚕丝纤维见图1-18，蚕丝面料见图1-19。丝织物高贵华丽，细腻光泽好，穿着舒适，品种丰富，种类齐全，因其优良的服用性能而得到广泛的应用，中国是最早利用蚕丝的国家，中国的丝绸更是享誉世界。在服装设计中既可以单独设计使用，又可以和其他品种面料搭配进行设计，能够制成风格多样的服装。主要的服用性能特点如下：

① 具有较好的强度、弹性及伸长性，但抗皱性能差，易起皱。

② 具有很好的吸湿性，柞蚕丝吸湿性好于桑蚕丝，吸湿速度快，含水量可达10%~20%。

③ 具有柔软舒适的触感，光泽好，染色性能佳，可染成各种鲜艳的色彩。

④ 织物对酸较稳定，但不耐碱。

⑤ 织物燃烧性能同羊毛，具有烧毛臭味。

⑥ 丝织物的耐光性很差，应注意防晒，以免泛黄。

⑦ 蚕丝织物抗霉菌性好于棉、呢绒和黏胶纤维。

⑧ 摩擦面料可产生丝鸣。

图1-18　蚕丝纤维

图1-19　蚕丝面料

五、黏胶纤维面料及主要服用性能特点

黏胶纤维（图1-20、图1-21）是再生纤维素纤维，以其优良的吸湿透气、柔软舒适等性能在服装中得到广泛应用，悬垂性较其他纤维好很多，特别是近年来世界各国开发出了具有良好性能的新型环保型天丝纤维以后，再生纤维素织物已成为世界流行的热门衣料之一。再生纤维素纤维织物以黏胶纤维织物为主，还有醋酯纤维、富强纤维、铜氨纤维等。

黏胶纤维织物是由棉短絮、木材、芦苇等天然纤维材质经化学加工而成，其主要成分是天然纤维素，具有良好的服用性，吸湿性优于其他化纤面料，是人造纤维中用量最大的一种，主要的服用性能特点如下：

① 具有较好的吸湿性、透气性，手感柔软，穿着舒适，其性能类似棉织物，且有着丝绸织物的效应。

② 染色性能好，色泽鲜艳，色谱全。

③ 光泽好，长丝织成的织物有近似丝织品的光泽。

④ 抗弯刚度小，弹性及弹性回复率差，织物不挺括，尺寸稳定性差。

⑤ 在湿态下强力下降50%左右，遇水后手感变硬，因此在洗涤时不宜用力揉搓。

⑥ 织物的缩水率较大，在裁剪时应先进行洗涤。

图1-20 黏胶纤维

图1-21 黏胶面料

六、涤纶纤维面料及主要服用性能特点

涤纶织物是日常生活中应用最多的一种服用化学纤维织物，涤纶纤维织物花色品种多，数量大，居合成纤维产品之首，涤纶织物也正在向合成纤维天然化的方向发展，纯纺和混纺的仿丝、仿毛、仿麻、仿棉、仿鹿皮的织物进入市场并深受欢迎（图1-22、图1-23），虽然风格各异，但在服用性能上有其共同点，下面介绍几种涤纶织物的风格特征及服装适用性。主要的服用性能特点如下：

① 涤纶织物具有较高的强度与弹性恢复能力。因此，具有良好的耐穿性和耐磨性，不易起皱，保形性好。

② 涤纶织物吸湿性较差，穿着有闷热感，易带静电和沾灰尘，洗后极易干燥，不变形，有良好的洗可穿性能。

③ 涤纶织物的耐热性和热稳定性在合成纤维织物中是最好的，具有热塑性，可制作百褶裙，褶裥持久。

④ 涤纶织物的抗熔性较差，遇烟灰、火星等容易形成孔洞。

⑤ 涤纶织物具有良好的耐化学品性，不易发霉及虫蛀。

图1-22 涤毛混纺

图1-23 涤棉混纺

七、锦纶纤维面料及主要服用性能特点

锦纶塔夫绸见图1-24，锦纶绉见图1-25。锦纶纤维的主要服用性能特点如下：

① 耐磨性能居各种天然纤维和化学纤维之首，耐用性极佳。锦纶纯纺和混纺织物均具有良好的耐用性。

② 吸湿性在合成纤维织物中较好，穿着的舒适性和染色性要比涤纶织物好。

③ 属轻型织物，在合成纤维织物中除丙纶外，锦纶织物较轻。因此，适宜制作登山服、羽绒衣等。

④ 弹性及回弹性较好，但在外力作用下容易变形，故其织物在穿用过程中易变皱。

⑤ 耐热性和耐光性均较差，在穿着使用过程中须注意洗涤和保养。

图1-24　锦纶塔夫绸　　　　　　　图1-25　锦纶绉

八、腈纶纤维面料及主要服用性能特点

腈纶纤维面料（图1-26）的主要服用性能特点如下：

① 腈纶纤维织物有"合成羊毛"之称，拥有与天然羊毛相似的弹性及蓬松度，其织物具有良好的保暖性。

② 具有较好的耐热性，居合成纤维第二位，且耐酸、氧化剂和有机溶剂。

③ 腈纶纤维织物具有良好的染色性，色泽艳丽。

④ 在合纤织物中属较轻的织物，仅次于丙纶，因此它是很好的轻便服装衣料。

⑤ 织物吸湿性较差，容易沾灰尘等污物，穿着有闷气感，舒适性较差。

⑥ 织物耐磨性差，是化学纤维织物中耐磨性最差的品种。

⑦ 腈纶面料的种类很多，有腈纶纯纺织物，也有腈纶混纺和交织织物。

图1-26　腈纶纤维面料

九、氨纶纤维面料及主要服用性能特点

氨纶纤维见图1-27，氨纶面料见图1-28。其主要服用性能特点如下：

① 氨纶弹性非常高，具有优异的弹力，又被称为"弹性纤维"，穿着舒适，很适合做紧身衣服。

② 无压迫感，具有良好的伸长特性和弹性恢复能力，有很好的运动舒适性。

③ 氨纶织物的外观风格、吸湿、透气性均接近棉、毛、丝、麻等天然纤维同类产品。

④ 氨纶织物主要用于紧身服、运动装、护身带及鞋底等的制作。

⑤ 有较好的耐酸、耐碱、耐磨性。

图1-27　氨纶纤维　　　　　　　　　图1-28　氨纶面料

十、维纶纤维面料及主要服用性能特点

维纶有合成棉花之称，但由于它的染色性和外观挺括性不好，至今只作为棉混纺布的内衣面料。其品种较单调，花色品种不多，主要的服用性能特点如下：

① 维纶织物的吸湿性在合纤织物中较好，而且坚牢，耐磨性能好，质轻舒适。

② 染色性及耐热性差，织物色泽较差，抗皱挺括性也差，维纶织物的服用性能欠佳，属于低档衣料。

③ 耐腐蚀、耐酸碱、价格低廉，故一般多用于做工作服和帆布。

十一、丙纶纤维面料及主要服用性能特点

丙纶织物是近几年发展起来的合纤衣料，以快干、挺爽、价廉的优点受到消费者的欢迎，丙纶产品织物已由一般的细布向毛型感、高档化、多品种方向发展。主要的服用性能特点如下：

① 密度比较轻，属于轻装面料之一。

② 吸湿性极小，因此其服装以快干、挺爽、不缩水等优点著称。

③ 具有良好的耐磨性，并且强度较高，服装坚牢耐穿。

④耐腐蚀，但不耐光、热，且易老化。

⑤舒适性欠佳，染色性亦很差。

十二、皮革面料及主要服用性能特点

服装用皮革可分为皮面革和绒面革，且多为铬鞣的猪、牛、羊、鹿皮革等，牛皮革见图1-29，羊皮革见图1-30。皮面革的表面保持原皮天然的粒纹，从粒纹可以分辨出原皮的种类。绒面革是革面经过磨绒处理的皮革，当款式需要绒面外观或皮面质量不好时，可加工成绒面使用。主要的服用性能特点如下：

①遇水不易变形，干燥不易收缩。

②较好的舒适性和保暖性，穿着美观大方，防老化等。

③具有良好的透气性、吸湿性，并且染色坚牢，柔软轻薄。

④但天然皮革不稳定，不同部位大小厚度不均匀，整张皮革加工比较困难。也会存在原料皮的天然缺陷及生产过程造成的一些缺陷。

图1-29　牛皮革

图1-30　羊皮革

第二章

服装缝纫
基础知识

● 第一节 服装设备

一、平缝机

平缝机也叫平车，一般通称为单针平缝机（sewing machine）。平缝机主要是用一根缝纫线，在缝料上形成一种线迹，使一层或多层缝料交织或缝合起来的机器。通常分为薄料和厚料两种用途，平缝机能缝制棉、麻、丝、毛、人造纤维等织物和皮革、塑料、纸张等制品，薄料一般用于针织、内衣、衬衫、制服等，厚料一般用于各类运动服、牛仔服、时装、大衣、鞋帽、箱包等，平缝机是缝纫设备中最基本的车种，在缝制中是最简单的线迹，缝制出的线迹整齐美观、均匀、平整牢固，缝纫速度快，操作简便，使用简单易懂。平缝机最高缝纫速度能达到4000~5000r/min，图2-1所示为普通工业用缝纫机，图2-2所示为电脑直驱高速平缝机。

图2-1　普通工业用缝纫机　　　　　　图2-2　电脑直驱高速平缝机

二、包缝机

包缝机也称码边机，主要功能一般是防止服装的缝头起毛。包缝机不仅能够用于包边，还能应用于缝合T恤、运动服、内衣、针织等。包缝机裁与缝纫可同时进行，线迹如同网眼，也适用于弹性面料。

包缝线迹可分为单线、双线、三线、四线、五线等。单线包缝为单针一线线迹，主要用来缝制毯子边。双线包缝为单针双线线迹，主要用来缝制弹性大的部位如弹力衫底边的缝制。三线包缝为单针三线线迹，是普通针织服装常用线迹，特别是一些档次不高的服装衣片的缝合。四线包缝是双针四线线迹，比三线包缝增加了一根针线，强力有所提高，用于档次较高服装的衣片缝合或受拉伸较多、摩擦较强烈的部位如合肩合袖等，特别是外衣的缝制。五线包缝是双针五线线迹，其线迹的牢度和生产效率进一步提高，弹性较四线包缝好，常用于外衣和补整内衣的缝制，图2-3所示为三线包缝机。

图2-3 三线包缝机

三、熨烫设备

熨烫设备是服装制作过程中给衣片熨烫定型的主要设备，是蒸汽熨烫作业必不可少的专业设备之一。

烫台按功能可分平烫机、压烫机烫台。按结构可以分为无臂、单臂、双臂烫台。按启动方式可以分为点动和脚踏烫台，图2-4所示为抽湿烫台，图2-5所示为蒸汽熨斗。

图2-4 抽湿烫台　　　　　　　图2-5 蒸汽熨斗

第二节　缝纫不同面料的工艺要求

一、服装材料的熨烫

一般情况下，服装和衣料洗过后，会使服装原来的外形发生变化，失去原本平整挺括的外观，这就需要对其进行熨烫，使之恢复至原来的面貌。

熨烫是指在一定温度、压力和水汽的条件下，将服装与面料进行热定型，使服装面料平整、外形挺括。服装与面料是由各种纤维组成的，性能各异，所以要想熨烫效果好，首先要了解被烫衣物的组成成分，以便正确选择熨烫温度和时间，然后再根据不同的衣料成分采取正确的熨烫操作方法。

（一）熨烫的分类

根据熨烫时的用水给湿程度，熨烫可划分为干烫、湿烫和蒸汽烫，根据服装熨烫的使用工具设备，可分为手工熨烫与机械熨烫。

但通常情况下，根据其工序与工艺要求而概括地分为中间熨烫与成品熨烫。中间熨烫指在服装加工过程中，穿插在缝纫工序之间的局部熨烫，如分缝、翻边、附衬、烫省缝、口袋盖的定型，以及衣领的归拔、裤子的拔裆等。中间熨烫虽在局部进行，却关系到服装的总体特征。成品熨烫是对缝制完毕的服装进行的熨烫，又称大烫或整烫。这种熨烫通常是带有成品检验和整理性质的熨烫，可由人工或整烫机完成。

（二）熨烫温度

为了赋予衣物平整光洁、挺括的外观，熨烫温度的掌握最为关键。温度过低，达不到热定型的目的，温度过高，会损伤纤维，甚至使纤维熔化或炭化。合适的熨烫定型温度在玻璃化温度和软化点之间。因此，为了保证熨烫质量，在熨烫前一定要认真查看服装的水洗标签，对于两种或两种以上纤维混纺或交织的织物，熨烫温度要按照温度范围较低的纤维标准来进行，各种织物的熨烫温度标准，如表2-1所示。

表2-1 织物的熨烫温度标准

织物	直接熨烫/℃	垫干布熨烫/℃	垫湿布熨烫/℃
棉织物	175～195	195～200	220～240
麻织物	185～205	205～220	220～250
丝织物	165～185	185～190	190～220
毛织物	150～180	185～200	200～250
涤纶织物	150～170	185～195	195～220
锦纶织物	125～145	160～170	190～220
腈纶织物	115～135	150～160	180～210
维纶织物	125～145	160～170	—
丙纶织物	85～105	140～150	160～190
黏胶织物	120～160	170～200	200～220

（三）熨烫时间

熨烫定型需要足够的时间以使热量能够均匀扩散，但时间不是越长越好，一般当熨烫温度低时，熨烫时间需长些；当熨烫温度高时，熨烫时间可短些。质地轻薄的衣料，熨烫时间要短；质地厚重的衣料，熨烫时间可长。熨烫时应避免在一个位置停留过久。

（四）不同面料的熨烫方法和注意事项

1. 棉织物

棉织物的熨烫效果比较容易达到，但是它在穿用过程中保持的时间并不长，受外力后容易再次变形，所以，棉织物需经常熨烫；熨烫时可喷水熨烫，对于棉与其他纤维的混纺织物，其熨烫温度应相应降低，特别是氨纶包芯纱织物如弹力牛仔布等，应用蒸汽低温加压熨烫，否则易出现起泡的现象。白色和浅色的衣料也可直接在正面熨烫，深色衣物一般都在衣料的反面熨烫或是在正面垫上烫布以免烫出极光。

2. 麻织物

麻织物的熨烫基本上与棉织物相同，麻织物在熨烫前必须喷洒水，但折痕处不宜重压，以免纤维脆断。麻织物的洗可穿性比较差，也需经常熨烫，白色和浅色织物可以直接在正面熨烫，但温度要低一些。

3. 丝织物

蚕丝织物比较精细，光泽柔和，一般在熨烫前需均匀喷水，并在水匀开后再反复熨烫。对丝绒类织物，不但要熨烫背面，并且应注意烫台需垫厚，压力要小，最好采用悬烫。还需注意的是，丝绸织物不一定完全是蚕丝织物，丝绸织物中还有大量的化纤长丝织物，熨烫时应区分对待。

4. 毛织物

毛织物不宜在正面直接熨烫，以免熨烫出极光，应垫湿布（或用喷汽熨斗）先在反面熨烫，烫干烫挺后，再垫干布在正面熨烫整理。绒类织物在熨烫时应注意其绒毛倒向和熨烫压力。

5. 黏胶织物

这类织物比较容易定型，烫前可喷水，或用喷汽熨斗熨烫。这类织物易变形，所以应注意熨斗走向并用力要适当，更不宜用力拉扯服装材料。

6. 涤纶织物

由于涤纶有快干免烫的特性，所以日常穿用时一般不必熨烫，或只需稍加熨烫即可。如需改变已烫好的褶裥造型，则须使用比第一次熨烫时更高的温度。涤纶织物需垫布湿烫，以免由于温度掌握不好而出现材料的软化。

7. 锦纶织物

锦纶织物稍加熨烫即可平整，但不易保持，因此也需垫布湿烫。由于锦纶的热收缩率比涤纶大，所以应注意温度不宜过高，且用力要适中。

8. 腈纶织物

熨烫腈纶衣料时，在正面熨烫时要垫上湿布，熨斗温度不能太高，速度不能太慢。防止有的染料遇到高温颜色变浅而影响美观。腈纶织物的熨烫一般与毛织物的熨烫类似。腈纶绒、膨体纱和腈纶毛皮一般不需要熨烫，因为这些织品是经过特殊工艺处理的，再经熨烫会使织品失去蓬松感、弹性和美观。

9. 维纶织物

维纶衣料一般都是混纺或是交织的产品，它的特点是湿热收缩性大，因此这类织物在熨烫时不能用湿烫，需垫干布熨烫，但可以在反面直接熨烫。

10. 混纺织物

混纺织物的熨烫，要由纤维种类与混纺比例而定，在熨烫处理时需偏重比例大的纤维。但是，像与氨纶混纺制成的弹力织物，虽然其中氨纶的混用量较少，也应采用较低的温度熨烫，或者不熨烫，以免织物有较大的收缩。

二、服装材料的缝纫

在服装生产过程中，作为服装生产中的重要工艺过程，缝纫加工是影响成衣质量的重要工序。服装的成衣过程就是将材料、缝纫线在一定的缝纫条件下缝合成衣服的加工过程，在此过程中，缝纫质量相对比较难控制，受到许多不确定因素的影响。主要的影响因素有面料的性能、缝纫线和缝纫设备几个方面。因此，在缝纫过程中要充分了解面料性能，合理选择设备，优化配置缝纫工艺才能达到最优的缝制质量，从而提高生产效率，降低成本。

（一）面料性能的影响

服装面料的性能是影响缝纫质量的最根本因素，在众多人员的研究中发现，织物的拉伸性能、刚柔性、压缩性能、表面性能以及织物的结构等都对织物的缝纫质量有着不同程度的影响。从表2-2中可以明显看出，面料的各项性能对其缝纫加工和质量都有较大影响。

表2-2 织物性能对服装面料加工的影响

性能	服装面料加工问题
松弛收缩	不充分的松弛收缩在黏合部位易产生气泡、易分离，做褶皱处理时容易产生气泡。过大的松弛收缩会产生过度的黏合熨烫收缩、汽蒸熨烫收缩；裁剪部位尺寸变化，线缝起皱
湿膨胀	高湿膨胀，会引起缝纫收缩过度，形状保持性差；线缝起皱，黏合部位易产生气泡、皱纹；褶皱部位容易产生气泡
成型性	低成型性使袖窿难以定型，线缝起皱，熨烫困难

性能	服装面料加工问题
延伸性	低延伸性会导致缝合时熨烫困难，难以收缩产生丰满效果。高延伸性会使格子花纹难以对齐、匹配，缝合困难
弯曲刚性	弯曲刚性低的面料，形状保持性差，袖窿柔软下垂；裁剪、缝合困难。弯曲刚性高的面料，造型、熨烫困难
剪切刚性	剪切刚性低的面料在辅料、做标记和剪裁中变形，形状保持性差，袖窿柔软下垂。剪切刚性高的面料，服装造型困难，难以形成造型效果

（二）缝纫线、针的合理选配的影响

缝纫线起着缝合、联结、定型和装饰的作用，因而它也是服装缝制工艺不可缺少的辅助材料。针是缝纫机在工作过程中必不可少的部件。针、线、缝料之间存在着密切相关的配合关系。在实际缝纫时，织物的结构性能必须与针、线密切配合，常用的各类衣料的针线配合关系如表2-3所示。

表2-3　织物与缝纫线和机针的配合关系

分类		用线种类及规格					缝纫机针/#	针距/(针/3cm)
		涤纶线	涤棉线	锦纶线	丝线	棉线		
棉麻类	薄	9.8tex×3				9.8tex×3丝光线、蜡光线	9	13~15
	中厚	11.8tex×3				13.9tex×3丝光线、蜡光线	11、14	14~16
丝绸类	薄	7.3tex×3			7.3tex×3		7、9	13~15
	中厚	7.3tex×3			7.3tex×3		7、9	14~16
	厚	9.8tex×3			9.8tex×3		9、11	14~16
毛料	薄	9.8tex×3			9.8tex×3		11	13~15
	中厚	14.8tex×3			14.8tex×3		11	14~16
	厚	29.2tex×3			29.2tex×3		11、14	14~16
化纤面料	薄	9.8tex×3		9.8tex×3			9	14~16
	中厚	14.8tex×3		14.8tex×3			9	14~16
	厚	29.2tex×3		29.2tex×3			11	14~16
涤棉布	薄	9.8tex×3	9.8tex×3				11	14~16
	中厚	11.8tex×3	13.0tex×3				11、14	14~16
裘皮	薄	19.7tex×3			19.7tex×3		11、14	14~16
	厚	29.2tex×3			29.2tex×3		11、14	14~16

日常的缝纫加工过程中，不同的面料，其服用性能具有很大的差异，需要根据实际面料的性能来调节缝纫工艺参数，缝纫设备的种类、缝纫车速、缝线张力、针距大小、压脚压力及送布的速度等因素，都会对缝纫质量产生不同程度的影响，也是影响缝纫质量的最直接因素，因此在缝纫之前要充分了解面料的性能和与设备之间匹配的技术参数。

第三节　缝纫基础方法

服装缝纫是将面料制作成服装的重要环节，机缝是指采用缝纫机缝制加工服装，它是现代服装工业生产的主要手段。利用缝纫机缝制服装，不但产量高、工效快，而且针迹整齐美观，缝制简便省事。在学习服装缝纫之前首先需要掌握几种服装缝纫的基础缝型。

一、平缝

平缝（也称合缝、平接缝），是机缝中最基本、使用最广泛的一种缝型（图2-6）。平缝是把两层面料正面和正面相对，沿着净缝线进行缝合，缝制时要求缝迹顺直，缝份宽窄一致。缝缉后衣片平整，上下层之间松紧均匀，无上层长出、下层缩进现象。平缝多用于衣片的拼接，比如上衣的肩缝、摆缝、袖缝，裤子的侧缝、下裆缝以及拼接裤腰、挂面、滚条等。

面料（反）

图2-6　平缝

二、单折边缝

将衣片沿折边宽度对折，然后沿折光边压缉一道明线，通常为0.1～0.2cm。常用于各类衣服的下摆、袖口（图2-7）。

图2-7　单折边缝

三、卷边缝

卷边缝（图2-8）是指把布料毛边做两次翻折卷边后，沿内侧折光边缉0.1cm。卷边可先将底边折转熨烫好后从布料正面缉，也可在布料反面一面卷边一面缉。此外，卷边还有卷宽边与卷窄边之分，宽边多用于上衣袖口、下摆底边和裤子脚口边等；窄边则多用于衬衫圆摆底边、衬裤脚口边及童装衣边等。

图2-8　卷边缝

四、分缉缝

将平缝后的衣片缝头分开，左右按需要各缉明线。常用于服装合缝后的外装饰线或加固线（图2-9）。

图2-9　分缉缝

五、搭缝

搭缝（图2-10）也称平叠缝，是一种将两块布料连接，缝口处平叠，居中缝缉的缝型。缝制时取两片衣片，两层衣片都正面朝上，将需拼接的布边叠合在一起，形成宽1~1.2cm的缝份，叠缝的边口互相重叠平行，在缝份居中处缉缝一道，使上下衣片一起缝牢。多用于服装接袖口衬、腰衬、省缝等，以及衬布暗藏部位的拼接，有平服、不起梗、减少拼接厚度的作用。

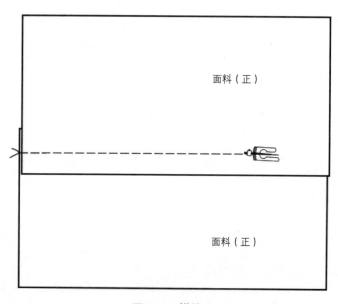

图2-10　搭缝

六、坐缉缝

坐缉缝（图2-11）是两层面料平缝后，缝份向一侧倒，在正面缉一条明线，一般用于衣片拼接部位装饰或加固，如裤子裆缝、后缝、袖片外侧缝、肩部合缝等处，起装饰和平整作用。优点在于一次性解决了合缝、锁边、个性装饰以及后期的开劈熨烫工作。

图2-11 坐缉缝

七、对拼缝

对拼缝（图2-12）是两层衣片平接Z形线迹来回缉缝。对拼缝比搭缝更平薄，适用于衬布的拼接。

图2-12 对拼缝

八、扣压缝

将一裁片正面缝份折光，与另一裁片正面相搭合并压缉一道0.1cm明线。多用于贴袋、过肩等处（图2-13）。

图2-13　扣压缝

九、来去缝

来去缝（图2-14）也称反正缝、筒子缝。先将衣片反面相对，缉0.3cm的缝线，将缝头修剪整齐后再将衣片翻转，正面相对，沿边缉0.7cm的缝线，是一种将布料正缝反压后，布料正面不露明线的缝型，将毛边缝在布里，常用于女衬衫、童装等较薄布料及简单衣物的摆缝、合袖缝。

图2-14　来去缝

十、闷缝

平缝缉一道，将下层片的正面翻上来并折光另一裁片在盖住第一道缝线处沿折边口正面缉明线。常用于缉领、缉袖克夫、缉裤腰等（图2-15）。

图2-15　闷缝

十一、内包缝

先将衣片正面相对，下层缝头放出0.6cm包转上层缝头，沿毛边缉线一道。再将衣片翻到正面坐倒包缝，在衣片正面缉压0.5cm明线。常用于中山装、工装裤、牛仔裤（图2-16）。

图2-16　内包缝

十二、外包缝

先将衣片反面相对，下层缝头放出0.8cm包转上层缝头，沿毛边绲线一道。再将包缝坐倒，在正面绲压0.1cm明线。常用于夹克衫、风衣、大衣等（图2-17）。

图2-17 外包缝

十三、别落缝

两片面料正面和正面相对平缝后，将上层面料翻折向下，正面沿着缝份处缝第二道明线，线迹要在凹槽内，此种缝制方法多用于装裤腰、固定嵌线等（图2-18）。

图2-18 别落缝

第三章

女裙制图与缝制工艺

第一节　女裙制图

一、款式特征

① 前中心开口，五粒扣；

② 前片两个口袋；

③ 后片两个贴兜；

④ 装腰结构。

女裙款式特征见图3-1。

图3-1　女裙款式特征

二、成品尺寸

165/68A的成品尺寸见表3-1。

表3-1　165/68A成品尺寸　　　　　　　　　　　　　　　　单位：cm

部位	臀围H	腰围W	裙长L	腰头宽
尺寸	94	70	50	3

三、制图过程

（一）前片制图

① 绘制基础线（L－3cm）、上平线、下平线。

② 绘制臀围线，在基础线上量取长度17cm做垂线。

③ 绘制臀围线，距离基础线H/4＋1cm做基础线的平行线。

④ 绘制腰围点，在上平线上距基准点W/4＋1cm＋2.5cm找腰围点。

⑤ 侧缝起翘，在腰围点垂直上平线向上1cm。

⑥ 绘制腰围弧线，从起翘1cm点开始绘制弧线到前中心点。

⑦ 绘制侧缝弧线，过起翘1cm点开始到臀围线绘制弧线。

⑧ 绘制搭门，搭门宽2.5cm。

⑨ 绘制兜位置，腰围线量取长度9cm，侧缝线量取长度7cm，画兜口弧线。

⑩ 绘制兜布，兜布长20cm，宽12cm。

前片制图见图3-2、视频3-1。

▶ 视频3-1 ◀

图3-2　裙子前片制图

（二）后片制图

① 延长前片上平线、下平线、臀围线。

② 绘制后片基础线，后片基础线垂直于上平线。

③ 绘制后臀宽线，距后片基础线距离为H/4－1cm。

④ 绘制腰围点，在上平线上从基础线开始量取W/4－1cm＋3cm找一点。

⑤ 侧缝起翘，在腰围点垂直上平线1cm。

⑥ 后中心下落1cm。

⑦ 绘制腰围弧线，从起翘1cm点到后中心下落1cm点画弧线。

⑧ 绘制侧缝线，从起翘1cm点到臀围线画弧线。

⑨ 绘制育克分割线，在侧缝位置取6cm，在后中心位置取9cm，绘制育克分割线。

⑩ 绘制后贴兜位置，兜宽12cm，长13cm。

后片制图见图3-3、视频3-2。

▶ 视频3-2 ◀

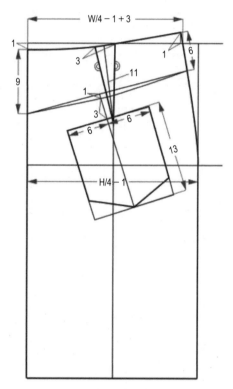

图3-3 裙子后片制图

（三）绘制腰头

裙子腰头绘制如图3-4、视频3-3所示，腰头长腰围＋5cm，宽3cm，标记出侧缝和前后中心位置。

▶ 视频3-3 ◀

图3-4 裙子腰头制图

（四）绘制完成图

裙子绘制完成图见图3-5。

图3-5 裙子结构完成图

第二节 | 女裙的放缝与排料

一、裙子净板

裙子净板见图3-6。

图3-6　裙子净板

二、裙子毛板

裙子毛板见图3-7。

图3-7　裙子毛板

三、裙子排料图

裙子排料图见图3-8。

图3-8　裙子排料图

第三节　女裙缝制工艺流程

裙子缝制工艺流程如图3-9所示。

图3-9　裙子缝制工艺流程图

第四节　女裙缝纫方法与步骤

一、裙子面料准备

前片2片，后片2片，育克2片，前兜垫袋2片，前兜贴边2片，门襟贴边2片，后贴兜2片，腰头一片，面料裁剪完成图如图3-10所示。

图3-10　面料裁剪完成图

二、裙子兜布准备

前片兜布2片，兜布裁剪完成图如图3-11所示。

图3-11　兜布裁剪完成图

三、裙子部件样片码边

后贴兜全部码边，前兜垫袋只码下边缘，前兜贴边只码下边缘，码边时看面料正面码边。如图3-12所示为后贴兜码边，如图3-13所示为前兜垫袋码边，如图3-14所示为前兜贴边码边（视频3-4、视频3-5、视频3-6）。

视频3-4

视频3-5

视频3-6

图3-12　后贴兜码边

图3-13　前兜垫袋码边

图3-14　前兜贴边码边

四、裙子缝制工艺方法

1. 缝合后片和育克

后片和育克面料正面和正面相对，1cm缝份进行缝合，起针和止点位置打倒针固定。如图3-15所示为缝合后片和育克示意图（视频3-7）。

视频3-7

图3-15　缝合后片和育克示意图

2. 育克码边

育克码边时后片在上、育克在下进行码边（视频3-8）。

视频3-8

3. 整熨育克缝份

育克的缝份向腰头方向翻倒，然后进行整熨。图3-16所示为整熨育克背面。

图3-16 整熨育克背面

4. 育克压0.5cm明线

贴育克缝边压0.5cm明线，起针和止点打倒针固定，并整熨平整。如图3-17所示为育克压0.5cm明线正面（视频3-9）。

视频3-9

图3-17 育克压0.5cm明线正面

5. 整熨兜布

首先标记出后贴兜净缝线的位置，按净缝线的位置来进行熨烫。图3-18所示为后贴兜整熨完成图背面。

6. 标记后贴兜位置

按照后贴兜标记点的位置将后兜的边界线画出来。

7. 缝合后贴兜

先距兜口1cm缝合兜口明线，图3-19所示为缝合兜口明线。将后贴兜按标记线的位置进行对位摆放，摆放整齐之后，沿兜布距边

图3-18 后贴兜
整熨完成图背面

0.1cm进行缝合，图3-20所示为缝兜0.1cm明线。0.1cm线缝合完成之后，距0.1cm线

0.5cm，再进行缝合，图3-21所示为缝兜0.5cm明线。缝合完成后在兜口位置距边0.1cm在0.1cm线和0.5cm线之间打结固定（视频3-10、视频3-11、视频3-12）。

▶ 视频3-10 ◀　　▶ 视频3-11 ◀　　▶ 视频3-12 ◀

图3-19　缝合兜口明线　　　　图3-20　缝兜0.1cm明线　　　　图3-21　缝兜0.5cm明线

8. 缝合后中缝

后片和后片面料正面和正面相对1cm缝份进行缝合，起针和止点打倒针固定。图3-22、视频3-13所示为缝合后中缝。

▶ 视频3-13 ◀

图3-22　缝合后中缝

9. 后中缝码边

后中缝码边，码边时右片在上左片在下，看右片进行码边。图3-23所示为后中缝码边。

图3-23　后中缝码边

10. 整熨后中缝

整熨后中缝时缝份向左片倒进行整熨。

11. 后中缝压0.5cm明线

距后中缝0.5cm压明线，起针和止点打倒针固定。后中缝压0.5cm明线如图3-24、视频3-14所示。

▶ 视频3-14 ◀

图3-24　后中缝压0.5cm明线

12. 缝合前片兜布

前片面料兜布以及兜牙，按顺序摆放平整，距兜口1cm缝进行缝合，起针和止点打倒针固定。图3-25、视频3-15所示为缝合前片、贴边和兜布。

▶ 视频3-15 ◀

图3-25　缝合前片、贴边和兜布

13. 整熨兜口贴边

将贴边翻折到背面并进行整熨，图3-26所示为贴边整熨完成背面图。

图3-26　贴边整熨完成背面图

14. 前兜口压0.5cm明线

距兜口边缘0.5cm压明线，起针和止点位置打倒针固定，并整熨平整。图3-27所示为兜口压0.5cm明线正面（视频3-16）。

▶ 视频3-16 ◀

图3-27　兜口压0.5cm明线正面

15. 固定贴边到兜布上

距贴边下边缘0.2cm，将贴边固定到兜布上，起针和止点打倒针固定。图3-28、视频3-17所示为固定贴边到兜布上。

▶ 视频3-17 ◀

图3-28　固定贴边到兜布上

16. 固定垫袋到兜布上

垫袋按位置摆放到兜布上，并在下边缘距边0.2cm处固定到兜布上，起针和止点打倒针固定。图3-29、视频3-18所示为固定垫袋到兜布上。

▶ 视频3-18 ◀

图3-29　固定垫袋到兜布上

17. 封兜布

兜布正面和正面相对，留0.5cm缝份进行缝合，起针和止点打倒针固定。修剪缝份留0.3cm，翻折兜布并进行整熨。图3-30、视频3-19所示为封兜布。

▶ 视频3-19 ◀

图3-30　封兜布

18. 翻折缝合兜布

兜布正面，距兜底端0.5cm缝份进行缝合，起针和止点打倒针固定。图3-31、视频3-20所示为翻折缝合兜布。

▶ 视频3-20 ◀

图3-31 翻折缝合兜布

19. 固定兜布和侧缝

兜布在侧缝的位置和前片面料0.5cm缝份进行固定。图3-32、视频3-21所示为固定兜布和侧缝。

▶ 视频3-21 ◀

图3-32 固定兜布和侧缝

20. 扣折贴边

对贴边1cm缝份进行熨烫，图3-33所示为扣折贴边。

图3-33 扣折贴边

21. 缝合前片和贴边

前片和贴边面料正面和正面相对，对1cm缝份进行缝合，需要对位的点按标记点的位置对位，起针和止点打倒针固定。图3-34、视频3-22所示为缝合前片和贴边。

图3-34 缝合前片和贴边

22. 整熨贴边

将贴边翻折到正面进行熨烫。

23. 贴边压0.1cm明线

距贴边0.1cm压明线固定，起针和止点打倒针固定，前止口压0.1cm明线固定，起针和止点打倒针固定。图3-35、视频3-23所示为贴边压0.1cm明线。

图3-35 贴边压0.1cm明线

24. 贴边压0.5cm明线

在距贴边0.1cm明线0.5cm处再压两条明线，起针和止点打倒针固定。图3-36、视频3-24所示为贴边压0.5cm明线。

▶ 视频3-24 ◀

图3-36 贴边压0.5cm明线

25. 缝合侧缝

前片和后片面料正面和正面相对，对1cm缝份进行缝合，需要对位的点按标记点的位置进行对位，起针和止点打倒针固定。图3-37、视频3-25所示为缝合侧缝。

▶ 视频3-25 ◀

图3-37 缝合侧缝

26. 侧缝码边

侧缝码边时，前片面料在上后片面料在下进行码边，码边完成后缝份向后片倒进行熨烫。图3-38所示为侧缝码边。

图3-38 侧缝码边

视频3-26

27. 制作襻带

襻带面料正面和正面相对，襻带宽1cm进行缝合，起针和止点打倒针固定。缝合完成后将襻带翻折到正面。在正面距边0.1cm压明线，并将襻带裁剪成7.5cm长。图3-39、视频3-26所示为缝合襻带，图3-40、视频3-27所示为襻带缝0.1cm明线。

视频3-27

图3-39 缝合襻带

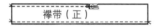

图3-40 襻带缝0.1cm明线

28. 固定襻带到裙片上

襻带的位置，在距离后中心各2.5cm的位置一个，前片兜口位置一个，前片兜口和后中心襻带的中点位置一个，按襻带的位置距裙腰0.5cm将襻带固定到裙片上。图3-41、视频3-28所示为缝合襻带到裙片上。

视频3-28

图3-41 缝合襻带到裙片上

29. 制作腰头

腰头距边1cm粘有纺衬。将腰头1cm缝扣折熨烫，并将腰头对折进行熨烫。腰头两端面料正面和正面相对，1cm缝份进行缝合，起针和止点打倒针固定。图3-42所示为腰头粘衬，图3-43所示为整熨腰头，图3-44、视频3-29所示为缝合腰头两端。

▶ 视频3-29 ◀

图3-42　腰头粘衬

图3-43　整熨腰头　　　图3-44　缝合腰头两端

▶ 视频3-30 ◀

30. 绱腰头

腰里子正面和裙片的反面相对，1cm缝份进行缝合，需要对位的点按标记点进行对位，起针和止点打倒针固定，缝合完成后进行整熨，腰面料距边0.1cm压明线，起针和止点打倒针固定。图3-45、视频3-30所示为缝合腰里子和裙片，图3-46、视频3-31所示为缝合腰面0.1cm明线。

▶ 视频3-31 ◀

图3-45　缝合腰里子和裙片

图3-46　缝合腰面0.1cm明线

31. 缝合襻带

襻带下端距腰头0.5cm打结固定牢固。襻带的上端扣折0.5cm，距腰头边缘0.2cm打结固定牢固。图3-47、视频3-32所示为固定襻带下端，图3-48、视频3-33所示为固定襻带上端。

▶ 视频3-32 ◀　　▶ 视频3-33 ◀

图3-47　固定襻带下端　　　　图3-48　固定襻带上端

32. 缝合下摆

下摆先折1cm，再折2cm进行整熨熨烫。距熨烫的折边0.1cm进行缝合，起针和止点打倒针固定。图3-49、视频3-34所示为缝合下摆。

▶ 视频3-34 ◀

图3-49　缝合下摆

33. 缝合完成图

缝合完成图见图3-50、图3-51。

图3-50　缝合完成图背面　　　　图3-51　缝合完成图正面

第四章

女衬衫制图与缝制工艺

女衬衫制图

一、款式特征

① 一片袖，立领。

② 前片两个腰省，后片两个腰省。

③ 胸围加放8cm放松量。

④ 合体结构。

女衬衫款式特征见图4-1。

图4-1 女衬衫款式特征

二、成品规格

160/84A成品规格见表4-1。

表4-1 160/84A成品规格 单位：cm

制图部位	衣长L	腰节长WL	胸围B	肩宽S	袖长SL	袖口CW	领围N
成品尺寸	65	40	92	40	55	15	40

三、制图过程

（一）女衬衫后片制图

① 绘制基础线、上平线、下平线，基础线长为L，上平线、下平线垂直于基础线。

② 绘制腰节线，距离上平线距离为腰节长。

③ 绘制袖窿深线，距离上平线距离为B/5＋1cm。

④ 绘制后侧缝辅助线，后胸围宽为B/4－1cm。

⑤ 绘制后领口辅助线，后领宽N/5－1cm，后领深2.5cm。

⑥ 绘制后领口弧线。

⑦ 绘制后肩斜线，距离前中心线S/2找后肩点，从后肩点下落3cm，连接3cm点与后领宽点。

⑧ 绘制后背宽线，后背宽B/5－1cm。

⑨ 绘制后袖窿弧线，过后肩点、后袖窿深线1/3等分点、后胸围宽点。

⑩ 绘制侧缝弧线，腰节线收2cm。

⑪ 绘制后腰省，省道大小为2.5cm，后腰省位置在后腰节线中点，垂直胸围线，腰节线下13cm，胸围线上4cm。

视频4-1

女衬衫后片制图见图4-2、视频4-1。

图4-2　女衬衫后片制图

图4-3　女衬衫前片制图

（二）女衬衫前片制图

① 延长后片上平线、袖窿深线。

② 后片腰节线下落2cm并延长，下平线下落2cm并延长。

③ 绘制前中心线。

④ 绘制前侧缝辅助线，前胸围B/4 + 1cm。

⑤ 绘制前领口辅助线，前领宽N/5 – 1cm，前领深N/5 + 1cm。

⑥ 绘制前领口弧线。

⑦ 前肩斜线，距离前中心线S/2找前肩点，从前肩点下落5cm，连接5cm点与前领宽点。

⑧ 绘制前胸宽线，前胸宽B/5 – 1.5cm。

⑨ 绘制前袖窿弧线，过前肩点、前袖窿深线1/4等分点、前胸围宽点。

⑩ 绘制侧缝弧线，腰节线收2cm，下摆线上抬2cm外延2cm。

⑪ 修正下摆弧线。

⑫ 绘制搭门宽，1.5cm。

⑬ 绘制前腰省，腰省大小为2.5cm，位置在腰节线中点，垂直腰节线，腰节线下12cm。

女衬衫前片制图见图4-3、视频4-2。

（三）袖子制图

① 绘制袖中线，袖中线长为袖长。

② 绘制袖子落山线，垂直袖中线，袖山高为AH/3。

③ 绘制前后袖斜线，前袖斜线长为前袖窿弧长，后袖斜线长为后袖窿弧长 + 0.5cm。

④ 绘制袖山弧线，在前后袖斜线上找几个控制点，过控制点绘制袖山弧线。

⑤ 绘制袖口线，袖上点上抬5cm绘制袖口线。

⑥ 绘制袖肘线，袖长中点下落2.5cm。

⑦ 绘制内外侧缝线辅助线。

⑧ 绘制袖侧缝弧线，在袖轴线上收1cm。

⑨ 绘制袖克夫，长为袖口宽，宽5cm。

袖子制图见图4-4、视频4-3。

图4-4 女衬衫袖子制图

（四）领子制图

① 绘制领底辅助线，长为N/2。

② 绘制后领中心辅助线，长3.5cm。

③ 找领子起翘点，2cm。

④ 找领角点，3cm。

⑤ 领宽点，3.5cm。

⑥ 绘制起翘、领角辅助线。

⑦ 绘制领底弧线、领面弧线。

领子制图见图4-5、视频4-4。

图4-5　女衬衫领子制图

▶ 视频4-4 ◀

（五）女衬衫结构完成图

女衬衫结构完成图见图4-6。

图4-6　女衬衫结构完成图

第二节　女衬衫放缝与排料

一、女衬衫净板

女衬衫净板见图4-7。

图4-7　女衬衫净板

二、女衬衫毛板

女衬衫毛板见图4-8。

图4-8　女衬衫毛板

三、女衬衫排料

女衬衫排料见图4-9。

图4-9　女衬衫排料

第三节　女衬衫缝制工艺流程

女衬衫缝制工艺流程如图4-10所示。

图4-10　女衬衫缝制工艺流程图

第四节 女衬衫缝纫方法与步骤

一、衬衫面料准备

前片两片，后片一片，袖子两片，领子两片，袖克夫两片，面料裁剪完成图如图4-11所示。

图4-11　面料裁剪完成图

二、衬衫缝制工艺流程

1. 缝合前片腰省

按照前片省道线钉标记出省道线，按照标记的省道线从一侧省尖点缝合到另一侧省尖点，在省尖点位置打结固定。图4-12所示为缝合前片省道，视频4-5所示为缝合前片省道。

2. 整熨前片省道

前片省道倒向侧缝进行整熨，在臀部和胸部进行归拔将衣片进行整熨。图4-13所示为整熨前片省道背面。

▶ 视频4-5 ◀

图4-12　缝合前片省道

图4-13　整熨前片省道背面

3. 扣折门襟缝份

门襟按预留缝份先折1cm，再折1.5cm进行熨烫。图4-14所示为扣折门襟背面。

图4-14　扣折门襟背面

4. 缝合前片门襟线

距扣折门襟折边0.1cm进行缝合，起针和止点打倒针固定，门襟要顺直不能出现纱向歪斜。图4-15所示为缝合门襟背面，视频4-6所示为缝合前片门襟。

▶ 视频4-6 ◀

图4-15　缝合门襟背面

5. 缝合后片省道

按照后片省道线钉标记出省道线，按照标记的省道线从一侧省尖点缝合到另一侧省尖点，在省尖点位置打结固定。图4-16所示为缝合后片省道，视频4-7所示为缝合后片省道。

▶ 视频4-7 ◀

后片（正）

后片（反）

图4-16　缝合后片省道

6. 整烫后片省道

后片省道倒向侧缝进行整烫，在臀部和胸部进行归拔将衣片进行整烫。图4-17所示为整烫后片省道背面。

后片（反）

图4-17　整烫后片省道背面

7. 缝合肩缝

前后片面料正面和正面相对，肩点对位，侧颈点对位，1cm缝份进行缝合，起针和止点打倒针固定。肩缝缝合完成后两片一起进行码边，肩缝向后片倒缝进行熨烫。图4-18所示为缝合肩缝，图4-19所示为肩缝码边，视频4-8所示为缝合肩缝。

▶ 视频4-8 ◀

图4-18　缝合肩缝　　　　　图4-19　肩缝码边

8. 剪袖开衩

在袖开衩的位置粘1cm宽的无纺衬条，沿开衩标记点位置在衬条中间剪开。图4-20所示为剪袖开衩。

图4-20　剪袖开衩

9. 袖开衩包边

沿45°斜纱向剪一条宽3.2cm的面料，面料四折进行熨烫。包边条熨烫完成后夹袖开衩距边0.1cm缝份进行包边。图4-21所示为熨烫包边条，图4-22所示为袖开衩包边，视频4-9所示为袖开衩包边。

▶ 视频4-9 ◀

图4-21 熨烫包边条　　图4-22 袖开衩包边

10. 缝合袖开衩三角

袖开衩包边完成后在开衩底端将包边条三角打倒针进行缝合固定。图4-23所示为固定袖开衩三角，视频4-10所示为缝袖开衩三角。

▶ 视频4-10 ◀

图4-23 固定袖开衩三角

11. 绱袖子

衣身面料和袖子面料正面和正面相对，袖子和衣身对位1cm缝份进行缝合，起针和止点打倒针固定，袖子的吃量要均匀分布在袖山部位，不能出现褶皱，缝合完成后袖窿码边。图4-24所示为绱袖子，图4-25所示为袖子码边，视频4-11所示为绱袖子。

▶ 视频4-11 ◀

图4-24 绱袖子　　　　　　图4-25 袖子码边

12. 缝合侧缝

衣身面料正面和正面相对，下摆点、腰节线、腋下点、袖肘线和袖口点按标记点进行对位，1cm缝份进行缝合，起针和止点打倒针固定，缝合完成后侧缝码边。图4-26所示为缝合侧缝，视频4-12所示为缝合侧缝。

▶ 视频4-12 ◀

图4-26　缝合侧缝

13. 袖口抽褶

袖口均匀抽褶，袖衩要折转，袖口抽完褶大小与袖克夫尺寸一致。图4-27所示为袖口抽褶。

图4-27　袖口抽褶

14. 熨折袖克夫

袖克夫粘无纺衬，袖克夫先对折熨烫，再将袖克夫1cm缝份扣折熨烫。图4-28所示为袖克夫粘衬，图4-29所示为熨烫袖克夫缝份。

图4-28　袖克夫粘衬　　图4-29　熨烫袖克夫缝份

15. 缝合袖克夫两端

袖克夫两端1cm缝份进行缝合，缝合时袖克夫里襟1cm缝份打开，起针和止点打倒针固定。缝合完成后将袖克夫翻到正面进行整熨。图4-30所示为缝合袖克夫两端，图4-31所示为整熨袖克夫，视频4-13所示为缝合袖克夫两端。

▶ 视频4-13 ◀

图4-30　缝合袖克夫两端　　图4-31　整熨袖克夫

16. 绱袖克夫

袖克夫里襟正面和袖口面料背面相对，1cm缝份进行缝合，需要对位点按标记点进行对位，起针和止点打倒针固定。图4-32所示为绱袖克夫，视频4-14所示为绱袖克夫。

▶ 视频4-14 ◀

图4-32　绱袖克夫

17. 袖克夫压0.1cm明线

袖克夫正面距边0.1cm压明线，将袖克夫面料和袖口固定，起针和止点打倒针固定。图4-33所示为袖克夫压0.1cm明线，视频4-15所示为袖克夫压0.1cm明线。

▶ 视频4-15 ◀

图4-33　袖克夫压0.1cm明线

18. 制作领子

领面粘无纺衬，领面和领底面料正面和正面相对1cm缝份进行缝合，将领面和领底缝合在一起，起针和止点打倒针固定。图4-34所示为领面粘衬，图4-35所示为缝合领面和领底，视频4-16所示为领子制作。

▶ 视频4-16 ◀

图4-34　领面粘衬

图4-35　缝合领面和领底

19. 整熨领子

领面和领底缝合完成后先将领子翻折到正面进行熨烫，然后将领底弧线1cm缝份扣折熨烫。图4-36所示为整熨领子背面，图4-37所示为整熨领子正面。

图4-36　整熨领子背面

图4-37　整熨领子正面

20. 绱领子

将领底正面和衣身面料反面相对，按标记点进行对位，1cm缝份进行缝合，起针和止点打倒针固定。图4-38所示为绱领子，视频4-17所示为绱领子。

▶ 视频4-17 ◀

图4-38　绱领子

21. 领子压0.1cm明线

领底缝合完后，领面一圈压0.1cm明线，将领面和衣身进行固定，起针和止点位置重合2cm可以不用打倒针。图4-39所示为领子压0.1cm明线，视频4-18所示为领子压0.1cm明线。

▶ 视频4-18 ◀

图4-39　领子压0.1cm明线

22. 缝合下摆

衬衫下摆先折1cm再折2cm进行熨烫，熨烫完后距折边0.1cm缝合下摆，起针和止点打倒针固定。图4-40所示为缝合下摆，视频4-19所示为缝合下摆。

▶ 视频4-19 ◀

图4-40　缝合下摆

23. 衬衫缝制完成图

衬衫缝制完成图见图4-41。

图4-41　衬衫缝制完成图

第五章

男裤制图与缝制工艺

第一节　男裤制图

一、款式特征

① 前片两个斜插兜；

② 后片两个单牙兜；

③ 前中心装拉链；

④ 直筒裤。

男裤款式特征见图5-1。

图5-1　男裤款式特征

二、成衣尺寸

170/74A成衣尺寸见表5-1。

表5-1　170/74A成衣尺寸　　　　　　　　　　　　　单位：cm

部位	臀围H	腰围W	裤长TL	脚口SB	腰宽SW
尺寸	102	76	102	22	3.5

三、制图过程

（一）男裤前片制图

① 绘制裤子基础线、上平线、下平线，基础线长为TL-SW，上平线、下平线与基础线垂直。

② 绘制立裆深线，距离上平线H/4。

③ 绘制臀围线，将立裆深三等分，过2/3立裆深点做臀围线的平行线。

④ 绘制膝围线、臀围线与下平线中点。

⑤ 绘制前臀宽线，前臀宽H/4 - 1cm。

⑥ 绘制小裆宽，小裆宽H/20 - 1cm。

⑦ 横裆大点，立裆深线从基础线向里进0.5cm。

⑧ 绘制裤中线，过横裆大点与小裆宽中点，与基础线平行。

⑨ 绘制裤口点，前裤口宽SB/2 - 1cm。

⑩ 绘制内侧缝辅助线，连接裤口点与小裆宽中点。

⑪ 绘制外侧缝辅助线，膝围线以下裤中线两侧对称。

⑫ 绘制前裆斜线，前臀宽点进1.5cm。

⑬ 绘制小裆弯弧线，先绘制裆弯辅助线，再做辅助线的垂线并三等分，连接臀围线点、1/3等分点、小裆宽点。

⑭ 前腰围宽点，前腰围宽W/4 - 1cm + 褶量。

⑮ 绘制外侧缝弧线，过腰围点、臀围点、横裆大点到中档线上。

⑯ 绘制内侧缝弧线。

⑰ 绘制前片斜插兜。

⑱ 绘制拉链门襟位置。

男裤前片制图见图5-2、视频5-1。

▶ 视频5-1 ◀

（二）男裤后片制图

① 延长前片上平线、下平线、臀围线、膝围线。

② 前立裆深线下落1cm。

③ 绘制后片基础线。

④ 绘制后片裤中线，后裤中线与后基准线距离与前裤中线与前臀宽线距离相等。

⑤ 绘制后裆斜线。

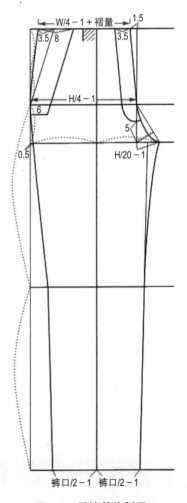

图5-2　男裤前片制图

⑥ 绘制大裆宽点，大裆宽H/10。

⑦ 绘制裆弯弧线，过后裆斜线与落裆线交点做裆弯斜线垂线，并将垂线三等分，连接臀围点、1/2等分点、大裆宽点。

⑧ 后裤口宽，后裤口宽SB/2 + 1cm。

⑨ 绘制后片内侧缝辅助线，连接裤口宽点和大裆宽中点。

⑩ 绘制后片外侧缝辅助线，在中裆线以下裤中线左右两侧对称。

⑪ 绘制后臀宽线，后臀宽H/4 + 1cm。

⑫ 绘制后中心起翘2.5cm。

⑬ 绘制后腰围线，后腰围宽W/4 + 1cm + 省量。

⑭ 绘制后片内外侧缝弧线。

⑮ 绘制后片腰省。

⑯ 绘制后兜口位置。

男裤后片制图见图5-3、视频5-2。

▶ 视频5-2 ◀

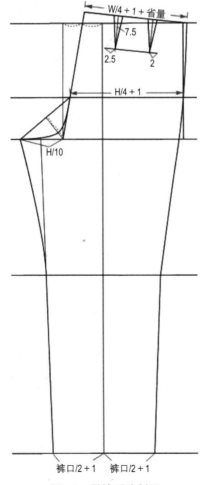

图5-3　男裤后片制图

（三）绘制男裤腰头

男裤腰头制图（视频5-3）如图5-4所示，腰头宽3.5cm，腰头长 W+3.5cm，并标记侧缝和前后中心位置。

图5-4　男裤腰头制图

（四）男裤结构完成图

男裤结构完成图见图5-5。

图5-5　男裤结构完成图

第二节　男裤放缝与排料

一、男裤净板

男裤净板见图5-6。

图5-6　男裤净板

二、男裤毛板

男裤毛板见图5-7。

图5-7　男裤毛板

三、男裤排料图

男裤排料图见图5-8。

前垫袋×2

腰头×2

后片×2

前片×2

门襟×2

兜牙×2

后垫袋×2

幅宽 75cm

图5-8 男裤排料图

第三节　男裤缝制工艺流程

男裤缝制工艺流程如图5-9所示。

图5-9　男裤缝制工艺流程图

第四节　男裤缝纫方法与步骤

一、面料辅料准备

1. 面料裁剪完成图

前片两片，后片两片，腰头两片，拉链门襟两片，斜插兜垫袋两片，后兜垫袋两片，后兜兜牙两片，图5-10所示为面料裁剪完成图。

图5-10　面料裁剪完成图

2. 辅料裁剪完成图

前片斜插兜兜布两片，后片单牙兜兜布两片，图5-11所示为辅料裁剪完成图。

图5-11　辅料裁剪完成图

二、面料码边

1. 前片码边部位

外侧缝弧线、内侧缝弧线、小裆弯弧线码边，前片码边如图5-12所示。

图5-12　前片码边

2. 后片码边部位

外侧缝弧线、内侧缝弧线、大裆弯弧线、后裆斜线码边，后片码边如图5-13所示。

图5-13　后片码边

3. 斜插兜垫袋码边部位

垫袋侧缝部位、垫袋下端码边，斜插兜垫袋码边如图5-14所示。

图5-14　斜插兜垫袋码边

4. 拉链门襟码边部位

门襟弧线部位码边，门襟底襟码边如图5-15所示。

图5-15　门襟底襟码边

5. 单牙兜兜牙码边部位

兜牙底边码边，单牙兜兜牙码边如图5-16所示。

图5-16　单牙兜兜牙码边

6. 单牙兜垫袋码边部位

垫袋下边缘码边，单牙兜垫袋码边如图5-17所示。

图5-17　单牙兜垫袋码边

三、裤子制作工艺过程

1. 缝合后片省道

在后片面料背面按剪口和标记点的位置画出省道线，按标记省道线的位置缝合省道，起针打倒针固定，在省尖点位置打结固定（视频5-4）。缝合完成后省道向后中心倒进行整熨。图5-18所示为标记省道位置，图5-19所示为缝合省道背面，图5-20所示为整熨省道背面。

▶ 视频5-4 ◀

图5-18　标记省道位置

图5-19　缝合省道背面

图5-20　整熨省道背面

2. 后单牙兜兜布粘到面料上

剪一条宽4cm的有纺衬条，有胶粒面朝上固定到兜布上，按兜口位置将兜布粘到后片面料背面。图5-21所示为单牙兜兜布缝合衬条，图5-22所示为单牙兜兜布粘到后片背面。视频5-5所示为缝合衬条到后兜兜布。

▶ 视频5-5 ◀

图5-21　单牙兜兜布
缝合衬条

图5-22　单牙兜兜布粘到后片背面

3. 整熨兜牙

兜牙背面粘5cm宽有纺衬，距兜牙上边缘2cm画一条标记线，按标记线的位置对折熨烫兜牙。图5-23所示为兜牙粘衬，图5-24所示为兜牙画标记线，图5-25所示为整熨兜牙。

图5-23　兜牙粘衬图　　图5-24　兜牙画标记线　　图5-25　整熨兜牙

4. 固定兜牙

在后片面料正面标记兜口位置及兜口边界线，在兜牙正面画1cm兜牙宽线和兜口边界线，将兜牙按位置放到面料上，并在兜牙上标记缝合线位置和兜起点止点，沿兜牙宽线从兜口一端缝合到另一端，起针和止点打倒针固定（视频5-6）。图5-26所示为后片面料标记兜口位置，图5-27所示为兜牙摆放到兜口位置，图5-28所示为缝合兜牙。

▶ 视频5-6 ◀

图5-26　后片面料标记兜口位置　　图5-27　兜牙摆放到兜口位置　　图5-28　缝合兜牙

5. 固定垫袋

在垫袋背面画1cm宽线和兜口边界线，将垫袋按位置放到面料上，沿垫带标记线从兜口一端缝合到另一端，起针和止点打倒针固定，缝合完成后在面料背面看是两条等长平行线（视频5-7）。图5-29所示为缝合垫袋，图5-30所示为垫袋、兜牙缝合完成背面图。

▶ 视频5-7 ◀

图5-29　缝合垫袋　　图5-30　垫袋、兜牙缝合完成背面图

▶　视频5-8　◀

6. 开兜口

沿兜牙和垫袋缝合线中间剪开，在距离兜口1cm位置剪三角，三角剪口要剪到兜口止点位置（视频5-8）。图5-31所示为开兜口正面，图5-32所示为开兜口背面。

图5-31　开兜口正面

图5-32　开兜口背面

7. 整熨兜牙

将兜牙和垫袋翻到面料背面，整熨平整。图5-33所示为整熨单牙兜兜牙正面，图5-34所示为整熨单牙兜兜牙背面。

图5-33　整熨单牙兜兜牙正面

图5-34　整熨单牙兜兜牙背面

8. 封兜口三角

将兜口三角在兜口位置和兜牙垫袋一起打倒针固定牢固（视频5-9）。图5-35所示为封兜口三角背面，图5-36所示为封兜口三角正面。

▶　视频5-9　◀

图5-35　封兜口三角背面

图5-36　封兜口三角正面

9. 固定兜牙到兜布上

将兜牙下边缘缝合到兜布上，起针和止点打倒针固定（视频5-10），图5-37所示为固定兜牙到兜布上。

图5-37　固定兜牙到兜布上

10. 封单牙兜兜布

用来去缝的方法缝合兜布，先将兜布翻折，正面和正面相对，兜布上端与腰节线对齐，兜布两边距边0.3cm缝合，起针和止点打倒针固定，缝合完成后将兜布翻折到正面，在正面距边0.5cm再进行缝合，起针和止点打倒针固定。图5-38所示为封单牙兜兜布。

图5-38　封单牙兜兜布

11. 封单牙兜兜口

在兜口一端打倒针固定，沿兜口位置封兜布上端，在兜口另一端打倒针固定。图5-39所示为封单牙兜兜口。

图5-39　封单牙兜兜口

12. 缝合垫袋到兜布上

在面料正面将兜口打开，从兜口位置沿码边线中间位置将垫袋下边缘缝合到兜布上，起针和止点打倒针固定。图5-40所示为缝合垫袋到兜布上。

图5-40　缝合垫袋到兜布上

▶ 视频5-11 ◀

13. 固定兜布与后片腰节线

将兜布上端距边0.5cm缝合到腰节线位置（视频5-11）。图5-41所示为固定兜布到后片腰节位置正面，图5-42所示为固定兜布到后片腰节位置背面。

图5-41　固定兜布到后片腰节位置正面

图5-42　固定兜布到后片腰节位置背面

14. 缝合前片褶

前片褶按标记点位置进行缝合，起针和止点打倒针固定（视频5-12）。褶缝合完成后向前中心倒进行整熨，褶在臀围线位置附近消失。图5-43所示为缝合前片褶正面，图5-44所示为整熨前片褶。

▶ 视频5-12 ◀

图5-43　缝合前片褶正面　　图5-44　整熨前片褶

15. 斜插兜缝合衬条

剪一条2cm宽的有纺衬条，有胶粒面朝上固定在兜布兜口位置（视频5-13），图5-45所示为前片斜插兜固定衬条。

▶ 视频5-13 ◀

图5-45　前片斜插兜固定衬条

16. 斜插兜兜布粘到兜口位置

将兜布沿斜插兜兜口位置粘到前片面料背面，图5-46所示为兜布粘到前片兜口位置背面。

图5-46　兜布粘到前片兜口位置背面

17. 斜插兜兜口压明线

前片面料沿斜插兜兜口线对折熨烫，熨烫完后沿兜口线距边0.7cm压明线并整熨平整（视频5-14）。图5-47所示为熨烫兜口，图5-48所示为兜口压0.7cm明线背面。

▶ 视频5-14 ◀

图5-47　熨烫兜口

图5-48　兜口压0.7cm明线背面

18. 固定兜贴边到兜布上

将斜插兜贴边距边0.2cm固定到兜布上并整熨平整（视频5-15），图5-49所示为固定兜贴边到兜布上。

图5-49　固定兜贴边到兜布上

19. 固定垫袋到兜布上

将斜插兜垫袋距兜布边缘0.5cm摆放到兜布上，距垫袋边缘0.2cm固定到兜布上（视频5-16）。图5-50所示为固定斜插兜垫袋到兜布。

图5-50　固定斜插兜垫袋到兜布

20. 封兜布

兜布正面和正面相对，距边0.5cm将兜口封牢固，起针和止点打倒针固定，缝合完成后将缝份修剪到0.3cm，并将兜布翻折熨烫（视频5-17）。图5-51所示为封斜插兜兜布，图5-52所示为翻折整熨斜插兜兜布。

图5-51　封斜插兜兜布

图5-52　翻折整熨斜插兜兜布

21. 勾兜布

兜布下端距边0.5cm勾兜布，起针和止点打倒针固定，缝合完成后熨烫平整（视频5-18）。图5-53所示为勾兜布。

图5-53 勾兜布

22. 固定兜布到前片腰节线

兜布、垫袋摆放平整，距腰节线0.5cm将兜布固定在前片面料上（视频5-19）。图5-54所示为固定斜插兜到腰节位置。

图5-54 固定斜插兜到腰节位置

23. 兜口封0.1cm明线

在兜口位置封0.1cm明线，并在明线止点位置打横结固定（视频5-20）。图5-55所示为斜插兜封0.1cm明线。

图5-55 斜插兜封0.1cm明线

24. 缝合外侧缝

面料前片和后片面料正面和正面相对，1cm缝份进行缝合，臀围点、膝围点等需要对位的点按标记点的位置进行对位，起针和止点打倒针固定牢固（视频5-21）。缝合完成后缝份向后片倒进行整熨。图5-56所示为缝合外侧缝。

▶ 视频5-21 ◀

图5-56　缝合外侧缝

25. 缝合兜布与面料侧缝

兜布0.5cm缝份扣折熨烫，距边0.1cm将兜布前片、后片一起缝合，起针和止点打倒针固定（视频5-22）。图5-57所示为缝合兜布与面料侧缝。

26. 兜口底端打结

在斜插兜兜口底端位置从侧缝到0.7cm明线位置打结固定（视频5-23），图5-58所示为兜口底端打结。

▶ 视频5-22 ◀

▶ 视频5-23 ◀

图5-57　缝合兜布与面料侧缝

图5-58　兜口底端打结

27. 缝合内侧缝

前片面料和后片面料正面和正面相对，1cm缝份进行缝合，需要对位的点按标记点的位置进行对位，起针和止点打倒针固定（视频5-24）。图5-59所示为缝合内侧缝。

▶ 视频5-24 ◀

图5-59　缝合内侧缝

28. 缝合裆弯线

左右裤腿正面和正面相对，1cm缝份从拉链止点开始缝合，一直缝合到后中心腰节点，裆弯点、臀围点等需要对位的点按标记点的位置进行对位，起针和止点打倒针固定（视频5-25）。图5-60所示为缝合裆弯线。

▶ 视频5-25 ◀

图5-60　缝合裆弯线

29. 整熨裆弯缝份

裆弯缝份劈缝熨烫，前门襟拉链位置按1cm缝份扣折熨烫，图5-61所示为整熨裆弯缝份。

图5-61　整熨裆弯缝份

30. 缝合拉链门襟与前片

拉链门襟与前片正面和正面相对，0.8cm缝份进行缝合，起针和止点打倒针固定（视频5-26）。图5-62所示为缝合拉链门襟与前片。

▶ 视频5-26 ◀

图5-62　缝合拉链门襟与前片

31. 拉链门襟压0.1cm明线

拉链门襟缝合完后，在门襟位置压0.1cm明线，起针和止点打倒针固定（视频5-27）。图5-63所示为拉链门襟压0.1cm明线。

▶ 视频5-27 ◀

图5-63　拉链门襟压0.1cm明线

32. 缝合门襟底襟

将门襟底襟正面和正面相对，1cm缝份缝合弧线部分，起针和止点打倒针固定，缝合完成后翻折到正面进行熨烫。图5-64所示为缝合门襟底襟，图5-65所示为熨烫门襟底襟。

33. 拉链固定到底襟上

拉链距底襟边缘0.5cm位置进行摆放，距拉链边缘0.5cm将拉链固定到底襟上（视频5-28）。图5-66所示为固定拉链到底襟上。

▶ 视频5-28 ◀

图5-64　缝合门襟底襟　图5-65　熨烫门襟底襟　图5-66　固定拉链到底襟上

34. 缝合拉链底襟与前片

将拉链底襟面料、拉链和前片面料1cm缝份进行缝合，起针和止点打倒针固定（视频5-29）。图5-67所示为缝合拉链底襟与前片。

视频5-29

图5-67　缝合拉链底襟与前片

35. 拉链底襟码边或包边

将右前片、门襟底襟和拉链从腰节线位置开始一直到底襟弧线位置进行码边（或进行包边处理）（视频5-30）。图5-68所示为拉链底襟码边。

视频5-30

图5-68　拉链底襟码边

36. 拉链底襟压0.1cm明线

在底襟位置距拉链封边0.1cm压前片面料缝合明线，起针和止点位置打倒针固定（视频5-31）。图5-69所示为拉链底襟压0.1cm明线。

视频5-31

图5-69　拉链底襟压0.1cm明线

37. 缝合拉链和门襟

为防止拉链错位将前中心左右片用手针固定。在背面将拉链和门襟摆放平整，距拉链边缘0.5cm与拉链门襟一起缝合，从腰节线位置一直缝合到门襟底部，起针和止点位置打倒针固定（视频5-32）。图5-70所示为缝合拉链和门襟。

▶ 视频5-32

图5-70　缝合拉链和门襟

38. 缝合拉链门襟明线

在前片面料的正面，将门襟的位置先标记出来。按照我们画的标记线，用缝纫机进行缝合，起针和止点打倒针固定。注意缝合时只缝合前片面料和拉链的门襟，底襟不要缝合（视频5-33）。图5-71所示为缝合门襟明线。

▶ 视频5-33 ◀

图5-71　缝合门襟明线

39. 缝合拉链门襟与底襟

将底襟摆平和前片面料一起从臀位线的位置，按门襟明线进行缝合，一直缝合到底襟前中心的位置打倒针固定（视频5-34）。图5-72所示为缝合拉链门襟与底襟。

▶ 视频5-34 ◀

图5-72　缝合拉链门襟与底襟

40. 制作襻带

视频5-35

襻带四折进行整熨，整熨完成后距边0.1cm压明线，然后将襻带裁剪成6根7.5cm长的襻带（视频5-35）。图5-73所示为整熨襻带，图5-74所示为襻带压0.1cm明线。

图5-73　整熨襻带　　　　　　　图5-74　襻带压0.1cm明线

41. 固定襻带

第一个襻带在前片褶的位置，第二个距离后中心2.5cm的位置，第三个襻带在前两个襻带中间位置，左右片对称，将襻带按位置距边0.5cm固定到面料上（视频5-36）。图5-75所示为固定襻带前面，图5-76所示为固定襻带后面。

视频5-36

图5-75　固定襻带前面　　　　　　图5-76　固定襻带后面

42. 腰里子粘衬

腰里子粘黏合衬，图5-77所示为腰里子粘衬。

图5-77　腰里子粘衬

43. 缝合腰里子和腰面

视频5-37

腰头的面料和里料正面和正面相对，1cm缝份进行缝合（视频5-37），缝合完成后缝份向里料倒进行熨烫。图5-78所示为缝合腰里子和腰面，图5-79所示为整熨腰头缝份。

图5-78　缝合腰里子和腰面

图5-79　整熨腰头缝份

44. 腰里子压0.1cm明线

距腰头缝份0.1cm压腰里子缝合明线，防止腰里子外吐（视频5-38），图5-80所示为腰里子压0.1cm明线正面。

▶ 视频5-38 ◀

图5-80 腰里子压0.1cm明线正面

45. 整熨腰头

腰里子和腰面各熨烫1cm缝份，然后将腰里子和腰面对折进行熨烫。图5-81所示为整熨腰头。

图5-81 整熨腰头

46. 缝合腰头两端

熨烫完成后将腰头翻折到背面，1cm缝份缝合腰头两端，起针和止点打倒针固定（视频5-39）。缝合完成后将腰头翻折到正面进行整熨。图5-82所示为缝合腰头两端背面，图5-83所示为整熨腰头两端正面。

▶ 视频5-39 ◀

图5-82 缝合腰头两端背面　　　　　图5-83 整熨腰头两端正面

47. 缝合腰里子

腰里子正面和衣身面料的反面相对，按照我们所做的标记点进行对位，侧缝点和侧点对位，后中心点和后中心点对位1cm缝份进行缝合，起针和止点打倒针固定（视频5-40）。缝合完成后，将缝份进行整熨。图5-84所示为缝合腰里子。

图5-84 缝合腰里子

48. 缝合腰面

腰头面料和衣身面料按照我们所做的标记点进行对位，侧缝点和侧点对位，后中心点和后中心点对位，距腰头面料褶边0.1cm缝份进行缝合，起针和止点打倒针固定（视频5-41）。缝合完成后，将缝份进行整熨。图5-85所示为缝合腰面。

▶ 视频5-41 ◀

图5-85　缝合腰面

49. 固定襻带

襻带下端距腰头缝0.5cm打结固定牢固（视频5-42）。襻带上端扣折0.5cm和腰头对齐，距襻带上端0.1cm打结将上端固定牢固（视频5-43）。图5-86所示为固定襻带下端，图5-87所示为固定襻带上端。

▶ 视频5-42 ◀

▶ 视频5-43 ◀

图5-86　固定襻带下端

图5-87　固定襻带上端

50. 缝合裤口

距裤口1cm和3cm画两条标记线。按标记线的位置将裤口翻折，先折1cm，再折2cm进行熨烫。熨烫完成后，距裤口折边0.1cm一圈缝合进行固定，起针和止点重合2cm（视频5-44）。图5-88所示为标记裤口缝份，图5-89所示为整熨裤口缝份，图5-90所示为缝合裤口。

▶ 视频5-44 ◀

图5-88　标记裤口缝份　　图5-89　整熨裤口缝份　　图5-90　缝合裤口

51. 裤子缝合完成图

裤子缝合完成图见图5-91、图5-92。

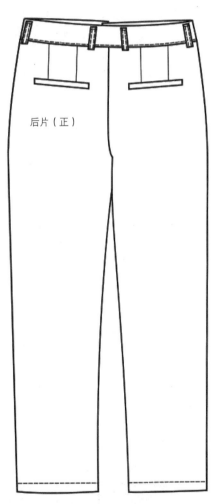

图5-91　裤子缝合完成图正面　　　　图5-92　裤子缝合完成图背面

第六章

中式男装制图与缝制工艺

第一节 中式男装制图

一、款式特征

① 立领；

② 两片袖；

③ 后中心不断开；

④ 中式结构；

⑤ 前片两个贴兜。

图6-1所示为中式男装款式图。

图6-1 中式男装款式特征

二、规格尺寸

175/96A规格尺寸见表6-1。

表6-1 175/96A规格尺寸   单位：cm

部位	衣长L	袖长SL	胸围B	肩宽S	领围N	袖口CW
尺寸	78	60	96 + 16	46	45	15

三、绘图过程

（一）前片制图

① 绘制前片基础线，长度为衣长。

② 画上平线、下平线，过基础线断点并垂直基础线。

③ 绘制袖窿深线，在基础线上量取B/5＋5cm找一点并做基础线垂线为袖窿深线。

④ 绘制腰节线，在基础线上量取号/4＋1cm找一点并做基础线垂线为腰节线。

⑤ 绘制前领口辅助线，前领宽取N/5－0.5cm，前领深取N/5cm。

⑥ 绘制前肩斜线，过前领口宽点做5：2找一点，连接此点与前领宽点并延长为前肩斜线。

⑦ 找前肩点，距离前中心S/2－0.5cm在肩斜线上找一点为前肩点。

⑧ 绘制前胸宽线，在袖窿深线上量取B/6＋1.5cm找一点并做垂线为前胸宽线。

⑨ 绘制前侧缝线，在袖窿深线上量取B/4找一点并做垂线为前侧缝线。

⑩ 绘制前领口弧线，过前领宽点和前领深点画弧线为前领口弧线。

⑪ 绘制前袖窿弧线，依次连接肩点、前胸宽线中点和侧缝点画前袖窿弧线。

⑫ 修正前下摆，前中心下落1cm并重新修正下摆线。

⑬ 绘制侧缝开衩，开衩宽2.5cm，高15cm。

⑭ 绘制底襟，从前领深点开始一直到距离下摆20cm，宽3.5cm。

⑮ 绘制贴兜，兜宽16cm，深17.5cm。

▶ 视频6-1 ◀

图6-2所示为前片绘制完成图，视频6-1为中式男装前片制图。

（二）后片制图

① 延长前片下平线、袖窿深线。

② 前片上平线上抬1cm。

③ 绘制后片后中心线，垂直下平线一直到后片上平线。

④ 绘制后领口辅助线，后领深2.5cm，后领宽N/5－0.5cm。

⑤ 绘制后肩斜线，过后领口宽点做5.5：2找一点，连接此点与后领宽点并延长为后肩斜线。

图6-2　前片制图

⑥ 找后肩点，距离后中心S/2在后肩斜线上找一点为后肩点。

⑦ 绘制后背宽线，在袖窿深线上量取B/6 + 2cm找一点并做垂线为后背宽线。

⑧ 绘制后侧缝线，在后袖窿深线上量取B/4找一点并做垂线为后侧缝线。

⑨ 绘制后领弧线，过后领宽点和后领深点画弧线为后领口弧线。

⑩ 绘制后袖窿弧线，依次连接肩点、后背宽线中点和侧缝点画后袖窿弧线。

⑪ 绘制侧缝开衩，开衩宽2.5cm，高15cm。

图6-3所示为后片绘制完成图，视频6-2为中式男装后片制图。

图6-3 后片制图

▶ 视频6-2 ◀

（三）领子制图

① 绘制辅助线，以长度为N/2、宽4cm画矩形辅助线。

② 绘制等分点，将矩形下边三等分。

③ 绘制领底起翘，在矩形右侧边向上1.5cm找一点，并连接1.5cm点和底边1/3等分点。

④ 绘制领底弧线，过起翘1.5cm点和领底辅助线1/3等分点画领底弧线。

⑤ 绘制领面弧线，重新修正领面弧线。

图6-4所示为领子绘制完成图，视频6-3为中式男装领子制图。

▶ 视频6-3 ◀

图6-4 领子制图

（四）袖子制图

① 画基准线，以2/3袖窿深的长度为宽，以AH/2 + 1cm的长度为对角线画矩形。

② 画袖长线，矩形上边中点向右偏移1cm为袖山顶点，过袖山顶点画袖长线，并延长矩形左边线与袖长线相交。

③ 辅助线1，平行于落山线且距落山线距离为B/10 + 1cm。

④ 画袖口线，垂直袖长线画袖口线。

⑤ 画辅助线2，在辅助线1上从左侧量取长度B/25找参考点，并连接参考点与袖山顶点画辅助线2。

⑥ 画辅助线3，连接袖山顶点和辅助线1与矩形右侧交点画辅助线3。

⑦ 画大袖弧线控制点，落山线向左延长2.5cm并上抬0.7cm找控制点1，垂直辅助线2长度为1cm找控制点2，垂直辅助线3长度为1cm找控制点3。

⑧ 画大袖山弧线，依次连接控制点1、辅助线1与辅助线2交点、控制点2、袖山顶点、控制点3和辅助线3与矩形右侧交点画大袖山弧线。

⑨ 画辅助线4，连接辅助线1与袖口点画辅助线4。

⑩ 画袖肘线，过辅助线4中点画水平线为袖肘线。

⑪ 画大袖外侧缝线，依次连接辅助线1与矩形左侧交点、袖肘线向右偏移2cm点和袖口点画弧线为大袖外侧缝弧线。

⑫ 画大袖内侧缝弧线，依次连接落山线上抬0.7cm点、袖肘线向左偏移1.3cm点和袖口向左偏移2.5cm点画大袖内侧缝弧线。

⑬ 画辅助线5，在辅助线1向左2cm找一点，在矩形下边中点向左2cm找一点，两点连线画辅助线5。

⑭ 画小袖山弧线，从落山线向右2.5cm并上抬0.7cm开始画弧线，过落山线上一点并圆顺到辅助线5画小袖山弧线。

⑮ 画小袖外侧缝线，依次连接辅助线1向左2cm点、袖肘线向右1.5cm点和袖口点画弧线为小袖外侧缝弧线。

⑯ 画小袖内侧缝弧线，依次连接小袖弧线右侧起点、袖肘线向右偏移3.5cm点和袖口向右偏移2.5cm点画小袖内侧缝弧线。

⑰ 修正袖口弧线。

图6-5所示为袖子绘制完成图，视频6-4为中式男装大袖制图，视频6-5为中式男装小袖制图。

▶ 视频6-4 ◀   ▶ 视频6-5 ◀

图6-5　袖子制图

（五）绘制完成图

图6-6所示为中式男装结构完成图。

图6-6 中式男装结构完成图

第二节 中式男装放缝与排料

一、中式男装净板

1. 面料净板

图6-7所示为中式男装面料净板。

图6-7　中式男装面料净板

2. 里料净板

图6-8所示为中式男装里料净板。

图6-8　中式男装里料净板

二、中式男装毛板

1. 面料毛板

图6-9所示为中式男装面料毛板。

图6-9　中式男装面料毛板

2. 里料毛板

图6-10所示为中式男装里料毛板。

图6-10　中式男装里料毛板

三、中式男装排料

1. 面料排料方法

图6-11所示为中式男装面料排料图。

图6-11 中式男装面料排料图

2. 里料排料方法

图6-12所示为中式男装里料排料图。

图6-12 中式男装里料排料图

第三节 中式男装缝制工艺流程

中式男装缝制工艺流程如图6-13所示。

图6-13 中式男装缝纫工艺流程

第四节 中式男装缝纫方法与步骤

一、中式男装面料准备

1. 面料准备

前片两片，后片一片，大袖两片，小袖两片，领子两片，兜布两片，贴边两片，底襟一片，面料裁剪完成图如图6-14所示。

图6-14　面料裁剪完成图

2. 里料准备

前片两片，后片一片，大袖两片，小袖两片，兜布两片，里料裁剪完成图如图6-15所示。

图6-15　里料裁剪完成图

3. 面料粘衬

前片、贴边、领子和底襟全部粘有纺衬，兜口位置粘8~10cm宽有纺衬，大袖袖口粘4~5cm宽有纺衬，小袖袖口粘4~5cm宽有纺衬，后片下摆和开衩位置粘4~5cm宽有纺衬。图6-16所示为面料粘衬。

图6-16　面料粘衬

4. 面料粘嵌条

前片下摆、前中心、肩部粘直丝嵌条，袖窿部位粘斜丝嵌条，图6-17所示为面料粘嵌条。

图6-17　面料粘嵌条

二、中式男装缝制工艺流程

1. 兜布面料包边

为防止兜口毛漏并减少兜口厚度，在兜布折边位置进行包边，用里料裁剪成宽2cm的斜条将兜口折边包边。先将兜布和斜条正面和正面相对，

0.5cm缝份进行缝合，缝合完成后将包条翻折包住兜口毛边，再距缝合线0.1cm缝合固定（视频6-6、视频6-7）。图6-18所示为缝合兜口衬条，图6-19所示为兜口衬条压0.1cm明线。

图6-18　缝合兜口衬条　图6-19　兜口衬条压
0.1cm明线

2. 缝合兜布面料和里料

在兜布上画出缝合线净缝位置，兜布面料和里料正面和正面相对摆放，面料兜口折边翻折，沿里料标记的净缝线进行缝合，起针和止点打倒针固定牢固，缝合完成后将缝份修剪留0.3cm，

图6-20　缝合兜布和　图6-21　熨烫兜布
兜里布

再翻折到正面进行熨烫，面料向里料虚0.1cm（视频6-8）。图6-20所示为缝合兜布和兜里布，图6-21所示为熨烫兜布。

3. 手针缝合兜折边和兜里料

将兜布4cm贴边和兜里料用手针进行缝合，缝合时采用暗缲针法。

4. 缝合兜布和前片面料

按照样板在前面面料上标记出兜口位置，将兜布按位置放置在前片上，为防止缝合时兜布错位，可以先将兜布用手针缝合在面料上，从兜口一侧起针距边0.1cm进行缝合，一直缝合到兜口另一侧，起针和止点打倒针固定，为使兜口固定牢固可在兜口位置封三角结（视频6-9）。图6-22所示为缝合兜布和前片。

视频6-9　　图6-22　缝合兜布和前片

5. 缝合侧缝

前后片面料正面和正面相对，按照标记点位置进行对位，1cm缝份缝合侧缝，从开衩止点一直缝合到腋下点，起针和止点打倒针固定（视频6-10）。图6-23所示为缝合侧缝。

▶ 视频6-10 ◀

图6-23 缝合侧缝

6. 熨烫缝份

侧缝缝合完成后劈缝进行熨烫，开衩和下摆也按照净缝线扣折熨烫，图6-24所示为熨烫侧缝缝份。

图6-24 熨烫侧缝缝份

7. 缝合开衩角

过下摆和开衩净缝线交点画45°斜线，距离斜线留1cm缝份其余剪掉，开衩角对折后沿斜线进行缝合，起针和止点打倒针固定，缝合完成后将开衩角翻折回正面进行整熨（视频6-11）。图6-25所示为修剪下摆角缝份，图6-26所示为缝合下摆角，图6-27所示为熨烫下摆角。

▶ 视频6-11 ◀

图6-25 修剪下摆角缝份 　　　图6-26 缝合下摆角 　　　图6-27 熨烫下摆角

8. 缝合肩缝

面料前后片正面和正面相对，前片在上后片在下1cm缝份进行缝合，后片有一定吃量，起针和止点打倒针固定，缝合完成后肩缝劈缝熨烫（视频6-12）。图6-28所示为缝合肩缝，图6-29所示为熨烫肩缝。

▶ 视频6-12 ◀

图6-28 缝合肩缝 　　　图6-29 熨烫肩缝

9. 缝合贴边和前片里料

贴边和前片里料正面和正面相对，按照标记点位置对齐，1cm缝份进行缝合，在里料下摆位置将1cm缝份扣折后进行缝合，起针和止点打倒针固定（视频6-13）。缝合完成后缝份向里料倒缝进行熨烫。图6-30所示为缝合贴边和前片，图6-31所示为熨烫贴边缝份。

▶ 视频6-13 ◀

图6-30 缝合贴边和前片 图6-31 熨烫贴边缝份

10. 缝合里料侧缝

前后片里料正面和正面相对，按照标记点位置对齐，1cm缝份进行缝合，从腋下点一直缝合到开衩止点，起针和止点打倒针固定（视频6-14）。缝合完成后缝份向后片倒缝进行熨烫，熨烫时里料缝份虚0.2cm。图6-32所示为缝合里料侧缝，图6-33所示为熨烫里料侧缝。

▶ 视频6-14 ◀

图6-32 缝合里料侧缝　　　图6-33 熨烫里料侧缝

11. 缝合里料肩缝

前后片里料正面和正面相对，肩缝按照标记点位置对齐，1cm缝份进行缝合，起针和止点打倒针固定（视频6-15）。缝合完成后缝份向后片倒缝进行熨烫。图6-34所示为缝合肩缝，图6-35所示为熨烫肩缝。

▶ 视频6-15 ◀

图6-34　缝合肩缝　　　　　图6-35　熨烫肩缝

12. 整熨后中心缝份

后片面料对折，在后中心位置熨烫出0.3cm虚量以增加衣身活动量，图6-36所示为熨烫里料后中心。

图6-36　熨烫里料后中心

13. 缝合袖里子外侧缝

大小袖里料正面和正面相对，袖外侧缝按照标记点位置对齐，1cm缝份进行缝合，起针和止点打倒针固定（视频6-16）。缝合完成后缝份向大袖倒缝进行熨烫，熨烫时袖里子留0.2cm虚量。图6-37所示为缝合袖里子外侧缝，图6-38所示为熨烫袖里子外侧缝，图6-39所示为熨烫袖里子袖口。

▶ 视频6-16 ◀

图6-37 缝合袖 　图6-38 熨烫袖里子外侧缝 　图6-39 熨烫袖里子袖口
里子外侧缝

14. 缝合袖里子内侧缝

大小袖里料正面和正面相对，袖内侧缝按照标记点位置对齐，
1cm缝份进行缝合，起针和止点打倒针固定（视频6-17）。缝合完成
后缝份向大袖倒缝进行熨烫，熨烫时袖里子留0.2cm虚量。图6-40所
示为缝合袖里子内侧缝，图6-41所示为熨烫袖里子内侧缝。

▶ 视频6-17 ◀

图6-40 缝合袖里子内侧缝 图6-41 熨烫袖里子内侧缝

15. 缝合袖子外侧缝

大小袖面料正面和正面相对，袖外侧缝按照标记点位置对齐，
1cm缝份进行缝合，起针和止点打倒针固定（视频6-18）。缝合完成
后劈缝进行熨烫。图6-42所示为缝合袖子外侧缝，图6-43所示为熨烫
袖子外侧缝。

▶ 视频6-18 ◀

图6-42　缝合袖子外侧缝　图6-43　熨烫袖子外侧缝

16. 熨烫袖口缝份

将袖口按照净缝线扣折进行熨烫，图6-44所示为熨烫袖子袖口缝份。

17. 缝合袖子内侧缝

大小袖面料正面和正面相对，袖内侧缝按照标记点位置对齐，1cm缝份进行缝合，起针和止点打倒针固定（视频6-19）。缝合完成后劈缝进行熨烫。图6-45所示为缝合袖子内侧缝，图6-46所示为熨烫袖子内侧缝。

▶ 视频6-19 ◀

图6-44　熨烫袖子袖口缝份　图6-45　缝合袖子内侧缝　图6-46　熨烫袖子内侧缝

18. 聚袖包

为使袖子造型更饱满，袖山弧线比袖窿弧线长出约3cm，在绱袖子前需要用手针聚袖包，聚袖包的位置从内袖缝进约3cm的位置到外袖缝进约5cm的位置，距边0.5cm进行缝合，针距约0.3cm，缝合完成后调整袖山弧线长度，使袖山弧线与袖窿弧线等长，调整好尺寸后将袖子放到模台上熨烫以方便绱袖子。袖里子以同样的方法聚袖包（视频6-20、视频6-21）。图6-47所示为袖子聚袖包，图6-48所示为袖里子聚袖包。

图6-47　袖子聚袖包　图6-48　袖里子聚袖包

19. 绱袖子

袖子面料和衣身面料正面和正面相对，袖子一圈和袖窿对齐，袖山顶点和肩缝对位，从侧缝向上10cm位置起针一圈进行缝合，起点和止点重合1cm，不打倒针（视频6-22）。图6-49所示为绱袖子。

图6-49　绱袖子

20. 绱袖里子

袖子里料和衣身里料正面和正面相对，袖子一圈和袖窿对齐，袖山顶点和肩缝对位，从侧缝向上10cm位置起针一圈进行缝合，起点和止点重合1cm，不打倒针。图6-50所示为绱袖里子。

图6-50　绱袖里子

21. 做底襟

底襟对折熨烫，熨烫好后在反面两端距边1cm缝合，起针和止点打倒针固定（视频6-23），缝合完成后翻折到正面熨烫平整。图6-51所示为缝合底襟两端，图6-52所示为熨烫底襟。

| 图6-51　缝合底襟两端 | 图6-52　熨烫底襟 |

22. 绱底襟

将底襟距领口1cm放到面料上，用手针临时固定，防止缝合时错位，缝合好后将面料、里料和底襟按位置对位摆放对齐，距边1cm从领口到下摆进行缝合，起针和止点打倒针固定，缝合完成后翻到正面进行熨烫。图6-53所示为绱底襟，图6-54所示为熨烫底襟。视频6-24为缝合贴边侧缝0.1cm线，视频6-25为缝合左片止口，视频6-26为缝合右片止口。

| 图6-53　绱底襟 | 图6-54　熨烫底襟 |

23. 缝合下摆

将里料下摆按照开衩造型进行修剪，修剪好后按净缝线翻折熨烫，熨烫平整后，面料和里料正面和正面相对1cm缝份进行缝合，起针和止点打倒针固定，缝合完成后将面料缝份用手针固定到衣片上以防止衣片下摆外翻。图6-55所示为熨烫下摆开衩，图6-56所示为下摆缝合完成图。

图6-55　熨烫下摆开衩　　　　图6-56　下摆缝合完成图

24. 缝合袖口

将里料袖口缝份按照净缝线进行熨烫，熨烫平整后，面料和里料正面和正面相对1cm缝份进行缝合，起针和止点重合1cm，缝合完成后将面料缝份用手针固定到衣片上以防止袖口外翻（视频6-27）。图6-57所示为缝合袖口。

▶ 视频6-27 ◀

图6-57　缝合袖口

25. 固定面里料侧缝和袖侧缝

为防止里子与面料不服帖，可将面料侧缝及袖侧缝与里料用手针进行固定，针距可以大一些，固定几个点即可。

26. 绱垫肩

先将垫肩与面料缝合，垫肩中点与肩缝对齐，缝合好面料后，将里料肩点位置与垫肩缝合2cm左右进行固定。图6-58所示为绱垫肩。

图6-58　绱垫肩

27. 做领子

在领底上画出净缝线位置并将领底领口扣折0.8cm缝份熨烫，熨烫平整后领底和领面正面和正面相对1cm缝份进行缝合，起针和止点打倒针，缝合完成后将里子翻折到正面进行熨烫（视频6-28）。图6-59所示为缝合领面和领底，图6-60所示为熨烫领子。

▶ 视频6-28 ◀

图6-59 缝合领面和领底　　　图6-60 熨烫领子

28. 绱领子

衣身面料、里料和领面相对按照对位点进行摆放，距边0.9cm缝份进行缝合，从领口一侧缝合到领一侧，起针和止点打倒针固定，领面缝合完成后用手针将领底用暗缲的针法缝合到衣身上，针距约0.3cm（视频6-29）。图6-61所示为绱领子。

图6-61 绱领子

▶ 视频6-29 ◀

29. 后整理

衣服制作完成后放到模台上整熨平整。

30. 钉扣

按照标记的扣位用手针将扣子缝合到衣身上，第一粒扣在衣身和领面的接缝处，末粒扣在底襟向上1cm处，其余三粒扣按第一粒扣与末粒扣位四等分的位置，扣子钉在右衣身，扣眼钉在左衣身。

31. 最后完成图

图6-62所示为最后完成图。

图6-62 最后完成图

第七章

女西服制图与缝制工艺

一、款式特征

① 四开身公主线分割结构。

② 合体，翻领，两粒扣。

③ 前身两个带兜盖双牙袋。

④ 两片袖，袖口假开衩。

款式特征见图7-1。

图7-1　女西服款式特征

二、成品规格

165/84A成品规格见表7-1。

表7-1　165/84A成品规格　　　　　　　　　　　　　　　单位：cm

部位	胸围B	背长	衣长L	领围N	肩宽S	袖长SL	领座SC	领面
尺寸	88 + 10	38	65	40	38	58	2.5	3.5

三、制图过程

（一）衣身原型制图

① 绘制基础线、上平线、下平线，基础线长为背长，上平线、下平线长B/2 + 5cm。

② 长方形，宽为B/2 + 5cm，长为背长。

③ 绘制袖窿深线，袖窿深线距上平线B/6 + 7cm，垂直于基础线。

④ 绘制胸宽线，距基础线B/6 + 3cm，垂直于袖窿深线。

⑤ 绘制背宽线，距基础线B/6 + 4.5cm，垂直于袖窿深线。

⑥ 绘制后领宽，距后中心点B/20 + 2.9cm。

⑦ 绘制后领深，过后领宽点，垂直于上平线，长度为"后领宽/3"。

⑧ 绘制前领宽，距前中心点的距离为"后领宽 − 0.2cm"。

⑨ 绘制前领深，在前中心线上向下量取"后领宽 + 1cm"。

⑩ 绘制前肩线，后肩线 − 1.8cm。

原型制图见图7-2，原型后片制图见视频7-1，前片制图见视频7-2。

▶ 视频7-1 ◀　　▶ 视频7-2 ◀

图7-2　原型制图

（二）西服后片制图

① 延长背长线至衣长65cm。

② 延长侧缝。

③ 绘制下摆线。

④ 后领口开大0.5cm。

⑤ 后肩宽取S/2 = 19.5cm。

⑥ 后肩点上抬0.8cm。

⑦ 袖窿深下落1cm。

⑧ 绘制后背宽线，肩点进2cm。

⑨ 绘制袖窿辅助线。

⑩ 绘制袖窿弧线。

⑪ 修正后中心线，腰节线收1.5cm，下摆线收1.5cm。

⑫ 修正侧弧线，腰节线上收1.5cm。

⑬ 侧缝起翘0.5cm。

⑭ 绘制后腰省位置。

⑮ 绘制后腰省。

西服后片制图见图7-3、视频7-3。

▶ 视频7-3 ◀

图7-3 西服后片制图

（三）西服前片制图

① 延长前中心线。

② 绘制前片下摆线。

③ 绘制前片侧缝线。

④ 前领口开大1cm。

⑤ 取前肩线长 = 后肩线长 – 0.5cm。

⑥ 前肩点上抬0.5cm。

⑦ 前袖窿深下落1.5cm。

⑧ 绘制前胸宽线。

⑨ 绘制前袖窿弧线。

⑩ 修正侧缝弧线。

⑪ 前下摆起翘0.5cm。

⑫ 标记前腰省位置。

⑬ 绘制前腰省。

⑭ 绘制前侧缝省。

⑮ 绘制搭门宽2.5cm。

⑯ 绘制串口线。

⑰ 找翻驳基点，距侧颈点1.7cm。

⑱ 绘制翻驳线。

⑲ 绘制领面弧线。

⑳ 绘制领底辅助线。

㉑ 绘制领座宽点2.5cm。

㉒ 绘制领面宽点3.5cm。

㉓ 绘制领角。

㉔ 绘制领面弧线。

㉕ 绘制领底弧线。

㉖ 绘制翻领线。

㉗ 绘制兜位。

西装前片制图见图7-4、视频7-4，领子制图见视频7-5。

▶ 视频7-4 ◀

▶ 视频7-5 ◀

图7-4　西服前片制图

（四）西服袖子制图

① 绘制袖中线，长度为袖长。

② 绘制袖落山线，取袖山高：B/10＋9cm找一点垂直袖中线做袖落山线。

③ 绘制前后袖斜线，前袖斜线＝前袖窿弧长，后袖斜线＝后袖窿弧长＋0.5cm。

④ 绘制袖山弧线，在前后袖斜线上找几个控制点，按控制点绘制袖山弧线。

⑤ 绘制袖口线，过袖口点垂直袖中线绘制袖口线。

⑥ 绘制袖肘线，平行于袖肥线，距离袖山顶点：袖长/2＋3cm。

⑦ 绘制袖辅助线，将前后袖肥等分，过等分点做垂线到袖口线。

⑧ 绘制大袖辅助线。

⑨ 袖口宽点，过前侧缝辅助线点，在袖口线上量取长度为袖口宽找袖口点，连接袖口点和后袖肥等分点。

⑩ 绘制大袖内外侧缝弧线。

⑪ 绘制小袖辅助线。

⑫ 绘制小袖内外侧缝弧线。

⑬ 绘制小袖山弧线。

⑭ 修正袖口线，后侧缝下落1cm，前侧缝上抬0.6cm。

⑮ 绘制袖口开衩。

西服袖子制图见图7-5、视频7-6。

▶ 视频7-6 ◀

图7-5　西服袖子制图

（五）西服绘制完成图

西服结构完成图见图7-6。

图7-6　西服结构完成图

第二节　女西服放缝与排料

一、西服净板

西服净板见图7-7。

图7-7　西服净板

二、西服放缝

1. 西服面料放缝图

西服面料放缝图见图7-8。

图7-8　面料放缝图

2. 西服里料放缝图

西服里料放缝图见图7-9。

图7-9　里料放缝图

三、女西服排料

1. 面料排料图

面料排料图见图7-10。

图7-10　面料排料图

2. 里料排料图

里料排料图见图7-11。

图7-11　里料排料图

第三节　女西服缝制工艺流程

女西服的缝制工艺流程如图7-12所示。

图7-12　女西服的缝制工艺流程

第四节　女西服缝纫方法与步骤

一、面料和里料的准备

1. 面料准备

按放缝的面料样板进行裁剪，需要标记的位置打线钉或剪口，面料裁剪完成图如图7-13所示。

图7-13　面料裁剪完成图

2. 里料准备

按里料放缝图进行裁剪，需要标记位置打线钉或剪口，里料裁剪完成图如图7-14所示。

图7-14　里料裁剪完成图

3. 面料粘有纺衬

面料厚度不同，粘衬的部位也不同，此款面料属于春夏款相对较薄，粘衬相对较少，图7-15所示为面料粘有纺衬。

图7-15　面料粘有纺衬

二、缝制流程

1. 缝合前片和前侧片

面料正面和正面相对，1cm缝份进行缝合，起针打倒针固定牢固，需要对位的点按标记进行对位，止点打倒针固定牢固（视频7-7）。图7-16所示为缝合前片和侧片。

图7-16　缝合前片和侧片

▶ 视频7-7 ◀

2. 整熨

劈缝熨烫前片缝份，在有弧线位置可在缝份上打剪口以保证熨烫平整，图7-17所示为面料前片整熨完成图背面。

图7-17　面料前片整熨完成图背面

3. 整熨兜牙

兜牙距边1cm做标记线，距离1cm线2cm做标记线，按照标记线进行熨烫。图7-18所示为标记兜牙，图7-19、视频7-8所示为熨烫兜牙。

▶ 视频7-8 ◀

图7-18　标记兜牙　　图7-19　熨烫兜牙

4. 固定兜布

剪宽3cm、长16cm的有纺衬，有胶粒面朝上固定在兜布上。将带有有纺衬的兜布按照兜口位置熨烫固定在面料背面，兜布距兜口两端左右距离相等。图7-20所示为兜布固定有纺衬，图7-21、视频7-9所示为熨烫兜布到前片面料。

▶ 视频7-9 ◀

图7-20　兜布固定有纺衬

图7-21　熨烫兜布到前片面料

5. 固定兜牙

在面料正面按照兜口标记点画标记线。将熨烫好的兜牙按照标记线位置摆放，兜牙宽0.5cm，从兜口起点到终点缉线，两端打倒针固定。兜牙缝合完后检查兜牙缝合是否宽窄一致，从背面看是否为两条长度相等间隔1cm的平行线。图7-22、视频7-10所

▶ 视频7-10 ◀

▶ 视频7-11 ◀

示为标记兜口位置，图7-23所示为缝合兜牙一，图7-24所示为缝合兜牙二，视频7-11所示为缝合兜牙。

图7-22　标记兜口位置

图7-23　缝合兜牙一

图7-24　缝合兜牙二

6. 开兜口

沿兜牙中间线剪开兜牙和面料，在距离兜口1cm位置兜牙单层剪开，面料在兜口位置剪开成三角形。将兜牙翻折到面料背面并进行整熨，将兜牙整熨平整，将面料三角和兜牙固定牢固，注意兜牙固定时既不能重叠也不能开口，要平整地对齐。图7-25、视频7-12所示为开兜口，图7-26所示为整熨兜牙，图7-27、视频7-13所示为封兜口三角。

▶ 视频7-12

▶ 视频7-13

图7-25　开兜口　　　　图7-26　整熨兜牙

图7-27　封兜口三角

7. 缝合兜牙、垫袋到兜布上

兜牙下端折0.5cm熨烫，距兜牙下端0.1cm进行车缝，两端打倒针固定。垫袋下端折0.5cm熨烫，垫袋上端与兜布对齐，距垫袋下端0.1cm进行车缝，两端打倒针固定（视频7-14、视频7-15）。图7-28所示为缝合兜牙兜布，图7-29所示为固定垫袋和兜布。

▶ 视频7-14 ◀

▶ 视频7-15 ◀

图7-28　缝合兜牙兜布　　　　图7-29　固定垫袋和兜布

8. 制作兜盖

兜盖面料和里料正面和正面相对1cm缝份进行缝合，缝合完成后按兜盖形状进行熨烫，为防止里料翻吐，在熨烫时可将面料向里料层虚0.1cm。图7-30所示为缝合兜盖，图7-31所示为整熨兜盖，视频7-16所示为制作兜盖。

▶ 视频7-16 ◀

图7-30 缝合兜盖　图7-31 整熨兜盖

9. 固定兜盖

将兜盖按宽度线摆放在兜口位置，并在背面进行缝合固定。图7-32所示为按兜口位置摆放兜盖，图7-33所示为固定兜盖，视频7-17所示为缝合兜盖。

▶ 视频7-17 ◀

图7-32 按兜口位置摆放兜盖　　图7-33 固定兜盖

10. 封兜布

兜布对折，距边1cm缝份缝合兜的三个边，起针和止点打倒针固定，为使兜口更加牢固，在兜口三角和兜口上端再车缝进行固定。图7-34所示为封兜布，视频7-18所示为封兜口。

▶ 视频7-18 ◀

图7-34 封兜布

11. 缝合前片里料

里料正面和正面相对，1cm缝份进行缝合，起点和止点打倒针固定。缝合完成进行熨烫，里料倒缝并虚0.1cm熨烫。图7-35所示为缝合前片里料一，图7-36所示为缝合前片里料二，图7-37所示为整熨前片里料。

图7-35　缝合前片里料一

图7-36　缝合前片里料二

图7-37　整熨前片里料

12. 缝合前片和贴边

前片和贴边正面和正面相对，1cm缝份从下摆到前中心点进行缝合，起针和止点打倒针固定。缝合完成后缝份在翻领止点打剪口，翻领止点到前中心点缝份向面料倒，翻领止点到下摆缝份向贴边倒进行熨烫。为防止翻领底层和贴边外吐，压缝份车

▶ 视频7-19 ◀　　▶ 视频7-20 ◀

缝0.1cm明线，从前中心点开始压面料车缝，在翻领止点不断线转到贴边上进行车缝，一直到下摆。车缝完成后整熨前止口。图7-38、视频7-19所示为缝合前片和贴边，图7-39所示为整熨前止口缝份，图7-40所示为止口压0.1cm明线，图7-41所示为整熨前止口，视频7-20所示为止口压0.1cm明线。

图7-38　缝合前片和贴边

图7-39　整熨前止口缝份

图7-40　止口压0.1cm明线　　图7-41　整熨前止口

13. 缝合后片面料

后片面料侧片正面和正面相对，1cm缝份进行缝合，需要对位点按标记位置对位，起针和止点打倒针固定。缝合完成后劈缝进行熨烫，在有弧度位置可以打剪口使熨烫平整。图7-42所示为缝合面料后片，图7-43所示为整熨面料后片，视频7-21所示为缝合后片和后侧片。

▶ 视频7-21 ◀

图7-42　缝合面料后片　图7-43　整熨面料后片

14. 缝合后片后中心

面料正面和正面相对，后中心2cm缝份进行缝合，需要对位点按标记位置对位，起针和止点打倒针固定（视频7-22）。缝合完成后劈缝进行熨烫。图7-44所示为缝合后片后中心，图7-45所示为整熨后中心。

▶ 视频7-22 ◀

图7-44 缝合后片后中心　　图7-45 整熨后中心

15. 缝合后片里料

里料正面和正面相对，1cm缝份进行缝合，需要对位点按标记位置对位，起针和止点打倒针固定。缝合完成后倒缝并虚0.1cm进行熨烫。图7-46、视频7-23所示为缝合后片里料，图7-47所示为整熨后片里料。

▶ 视频7-23 ◀

图7-46 缝合后片里料　图7-47 整熨后片里料

16. 缝合里料后中心

里料正面和正面相对，凹字形缝份进行缝合，需要对位点按标记位置对位，起针和止点打倒针固定（视频7-24）。缝合完成后倒缝并虚0.1cm进行熨烫。图7-48所示为缝合里料后中心，图7-49所示为整熨里料后中心。

▶ 视频7-24 ◀

图7-48　缝合里料后中心　　　图7-49　整熨里料后中心

17. 缝合面料侧缝

面料正面和正面相对，1cm缝份进行缝合，需要对位点按标记点进行对位，起针和止点打倒针固定牢固。侧缝缝合完成后劈缝进行熨烫。图7-50、视频7-25所示为缝合侧缝，图7-51所示为整熨侧缝。

▶ 视频7-25 ◀

图7-50　缝合侧缝　　　　图7-51　整熨侧缝

18. 缝合里料侧缝

里料正面和正面相对，1cm缝份进行缝合，需要对位点按标记点进行对位，起针和止点打倒针固定牢固。侧缝缝合完成后倒缝进行熨烫。图7-52、视频7-26所示为缝合里料侧缝，图7-53所示为整熨里料侧缝。

▶ 视频7-26 ◀

图7-52　缝合里料侧缝

图7-53　整熨里料侧缝

19. 缝合面料肩缝

面料前后片正面和正面相对，1cm缝份进行缝合，后片有一定吃势，起针和止点打倒针固定牢固，肩缝劈缝进行熨烫。图7-54、视频7-27所示为缝合面料肩缝，图7-55所示为整熨面料肩缝。

▶ 视频7-27 ◀

图7-54　缝合面料肩缝

图7-55　整熨面料肩缝

20. 缝合里料肩缝

里料前后片正面和正面相对，1cm缝份进行缝合，后片有一定吃势，起针和止点打倒针固定牢固，肩缝倒缝进行熨烫。图7-56、视频7-28所示为缝合里料肩缝，图7-57所示为整熨里料肩缝。

视频7-28

图7-56　缝合里料肩缝

图7-57　整熨里料肩缝

21. 缝合袖子外侧缝

大小袖面料正面和正面相对，1cm缝份进行缝合，需要对位点按标记点进行对位，在袖口部位按净缝线缝合，起针和止点打倒针固定牢固，缝份在开衩部位倒缝，其余部分劈缝进行熨烫。图7-58、视频7-29所示为缝合袖子外侧缝，图7-59所示为整熨袖子外侧缝。

视频7-29

图7-58　缝合袖子外侧缝

图7-59　整熨袖子外侧缝

22. 缝合袖子内侧缝

大小袖面料正面和正面相对，1cm缝份进行缝合，需要对位点按标记点进行对位，起针和止点打倒针固定牢固，缝份劈缝进行熨烫。图7-60、视频7-30所示为缝合袖子内侧缝，图7-61所示为整熨袖子内侧缝。

▶ 视频7-30 ◀

图7-60 缝合袖子内侧缝　图7-61 整熨袖子内侧缝

23. 缝合袖里子内外侧缝

大小袖里料正面和正面相对，1cm缝份进行缝合，需要对位点按标记点进行对位，起针和止点打倒针固定牢固，缝份倒缝进行熨烫。图7-62所示为缝合袖里子外侧缝，图7-63所示为整熨袖里子外侧缝，图7-64所示为缝合袖里子内侧缝，图7-65所示为整熨袖里子内侧缝，视频7-31所示为缝合袖里子内外侧缝。

▶ 视频7-31 ◀

图7-62 缝合袖里子　图7-63 整熨袖里子　图7-64 缝合袖里子　图7-65 整熨袖里子
外侧缝　　　　外侧缝　　　　内侧缝　　　　内侧缝

24. 缝合袖口

面料在袖口位置折4cm进行熨烫，里料在袖口位置折2cm进行熨烫。熨烫完成后面料和里料正面和正面相对，袖口一圈1cm缝份进行缝合，起针和止点重合1cm固定牢固。图7-66所示为袖口4cm缝份熨烫，图7-67所示为袖里子2cm缝份熨烫，图7-68、视频7-32所示为缝合袖口。

▶ 视频7-32 ◀

图7-66　袖口4cm　　图7-67　袖里子2cm　　图7-68　缝合袖口
缝份熨烫　　　　　缝份熨烫

25. 袖口缝三角针

为防止袖里子外露，将袖口面料沿缝份扣折好，将袖里子翻下，沿着袖口一圈缝三角针。图7-69所示为袖口缝三角针。

图7-69　袖口缝三角针

26. 绱袖子

袖子在大袖袖山部位抽袖包以保证袖子绱完圆顺饱满，衣身袖窿和袖子袖山正面和正面相对，1cm缝份进行缝合，袖山顶点和肩缝点对位，腋下点和侧缝点对位，其他需要对位的点按照标记点进行对位。图7-70所示为袖子抽袖包，图7-71、视频7-33所示为绱袖子。

▶ 视频7-33 ◀

图7-70　袖子抽袖包　　　图7-71　绱袖子

27. 绱袖里子

袖里子在大袖袖山部位抽袖包以保证袖子绱完圆顺饱满，里子衣身袖窿和袖里子袖山正面和正面相对，1cm缝份进行缝合，袖山顶点和肩缝点对位，腋下点和侧缝点对位，其他需要对位的点按照标记点进行对位。视频7-34为绱袖里子。

▶ 视频7-34 ◀

28. 领子制作

领底正面和正面相对，1cm缝份缝合，起针和止点打倒针固定，缝合完成后劈缝熨烫。领底缝合完成后，领底和领面正面和正面相对，1cm缝份缝合领角和领面弧线。缝合完成后缝份向领底倒整熨，为防止领底外吐，压领底缝合0.1cm明线，整

▶ 视频7-35 ◀

▶ 视频7-36 ◀

熨制作完成的领子。图7-72所示为缝合领底，图7-73所示为熨烫领底，图7-74所示为缝合领底和领面，图7-75所示为领底压0.1cm明线，图7-76所示为整熨制作完成的领子，视频7-35所示为缝合领底，视频7-36所示为制作领子。

图7-72 缝合领底　　图7-73 熨烫领底　　图7-74 缝合领底和领面

图7-75 领底压0.1cm明线　　图7-76 整熨制作完成的领子

29. 绱领子

将领子按照标记点对位放置在面料和里料中间，领面和衣身里料相对，领底和衣身面料相对，1cm缝份在背面缝合里料、领子、面料三层，起针和止点打倒针固定。缝合完成后翻到正面进行熨烫，图7-77、视频7-37所示为绱领子。

▶ 视频7-37 ◀

图7-77 绱领子

30. 缝合下摆贴边

下摆面料和贴边4cm缝份进行缝合，起针和止点打倒针固定，缝合完成后留1cm缝份其余剪掉。图7-78、视频7-38所示为缝合下摆贴边，图7-79所示为贴边下摆修剪完成图。

▶ 视频7-38 ◀

图7-78　缝合下摆贴边　　　图7-79　贴边下摆修剪完成图

31. 缝合下摆

将下摆面料和里料缝份按照净缝线进行熨烫，熨烫完成后下摆面料和里料1cm缝份进行缝合，需要对位点按位置对齐，一直缝合到另一侧留10cm不缝合，起针和止点打倒针固定。图7-80、视频7-39所示为缝合下摆。

▶ 视频7-39 ◀

图7-80　缝合下摆

32. 固定垫肩

将垫肩边缘位置与面料袖窿边缘对齐，垫肩中心位置从肩点向后1cm对位，用手针进行固定，在肩缝上也用手针固定，并保留一定的活动量，缝合完面料后再将里子和垫肩缝合。图7-81所示为固定垫肩。

图7-81 固定垫肩

33. 下摆缝三角针

为防止下摆里子变形外露，用手针将下摆一圈用三角针固定牢固（视频7-40），缝合方法和袖口三角针方法一样，注意缝合时在面料正面不要露出线迹。缝合完成后将衣服翻到正面，下摆10cm缝份用手针采用暗缭的方法缝合牢固。

▶ 视频7-40 ◀

34. 锁眼钉扣

按照扣眼打线钉的位置锁扣眼和钉扣子。

35. 成衣完成图

成衣完成图见图7-82。

图7-82 女西服缝制完成图

第八章

旗袍制图与缝制工艺

第一节 旗袍制图

一、款式特征

① 短袖，立领。

② 前片两个腰省，后片两个腰省。

③ 后中心绱拉链。

④ 胸围加放4cm放松量，腰围加放2cm放松量，臀围加放4cm放松量。

⑤ 合体结构。

旗袍款式特征见图8-1。

图8-1　旗袍款式特征

二、规格尺寸

165/84A规格尺寸见表8-1。

表8-1　165/84A规格尺寸

单位：cm

部位	衣长L	胸围B	腰围W	臀围H	肩宽S	袖长SL	领围N	领宽NW
尺寸	100	84 + 4	66 + 2	88 + 4	38	10	38	3.5

三、制图过程

（一）衣身前片制图

① 绘制基础线、上平线、下平线，基础线长为L，上平线、下平线与基础线垂直。

② 绘制腰节线，号/4 + 1cm。

③ 绘制臀围线，腰节线向下18cm。

④ 绘制前领口辅助线，前领口宽N/5 − 1cm，前领口深N/5 + 1cm。

⑤ 绘制前肩斜线，角度5.5∶2。

⑥ 找肩宽点，前肩宽S/2。

⑦ 绘制前胸宽线，肩点进2cm。

⑧ 绘制袖窿深线，B/5 + 1cm。

⑨ 绘制前胸围线，B/4cm。

⑩ 绘制前领口弧线，从侧颈点开始画弧线到前中心点，弧线要画圆顺，在前中心点与领口深线相切。

⑪ 绘制前袖窿弧线，过肩点、胸宽线三分之一等分点到侧缝点用弧线圆顺连接。

⑫ 找腰围点，W/4 + 2.5cm。

⑬ 绘制侧缝省，省大2cm。

⑭ 绘制臀围宽线，H/4cm。

⑮ 绘制侧缝弧线，过腰围点、臀围点。

⑯ 修正下摆，下摆线回收1cm，将下摆修整为圆弧造型。

⑰ 绘制腰省，省大2.5cm。

⑱ 绘制左右片分割线，过前中心点，在右侧缝在腋下点向下3cm。

前片制图见图8-2、视频8-1。

▶ 视频8-1 ◀

图8-2　旗袍前片制图

（二）衣身后片制图

① 绘制后片线条，延长前片上平线、下平线、腰节线、臀围线。

② 绘制后袖窿深线，前袖窿深线下落2cm。

③ 绘制后片基础线，垂直上平线，一直绘制到下平线。

④ 绘制后领辅助线，后领宽N/5 – 1cm，后领深2cm。

⑤ 绘制后肩斜线，角度6:2。

⑥ 找后肩宽点，距后中心点距离为S/2。

⑦ 修正后中心线，在腰节线收1cm，并重新修正后中心线。

⑧ 绘制后背宽线，肩点进1.5cm。

⑨ 绘制后胸围线，距后中心线距离为B/4。

⑩ 绘制后领口弧线，从侧颈点到后中心点画弧线，在后中心点与领口深线相切。

⑪ 绘制后袖窿弧线，过肩点、背宽线1/3等分点、侧缝点用弧线圆顺连接。

⑫ 绘制后臀宽线，距后中心点距离为H/4。

⑬ 找腰围点，在腰节线上距后中心线W/4 + 2.5cm。

⑭ 绘制侧缝弧，过袖窿深点、腰节点、臀围宽点。

⑮ 修正下摆，下摆线回收1cm，将下摆修整成圆角造型。

⑯ 绘制腰省，省大2.5cm。

后片制图见图8-3、视频8-2。

图8-3　旗袍后片制图

（三）袖子制图

① 绘制袖子落山线、袖中线，落山线和袖中线垂直。

② 找袖山高点，从落山线和袖中线交点向上在袖中线上量取长度AH/4 + 3cm。

③ 绘制前后袖斜线，前袖斜线为QAH/2cm，后袖斜线为HAH/2cm。

④ 绘制袖山弧线，过前后落山点和袖山弧线控制点画袖山弧线。

⑤ 绘制袖口辅助线，从袖山顶点向下量取袖长10cm。

⑥ 修正袖口弧线，袖口辅助线与袖中线交点向上1cm找一点，并过1cm点修正袖口线。

袖子制图见图8-4、视频8-3。

图8-4　旗袍袖子制图

（四）领子制图

① 绘制领子辅助线一，绘制长为N/2cm、宽3.5cm的矩形。

② 绘制领子辅助线二，将领底辅助线三等分，垂直于领底辅助线画垂线。

③ 找领子起翘点，前中心点上抬2cm。

④ 绘制领起翘辅助线，连接2cm起翘点和领底1/3等分点。

⑤ 找领角点，垂直起翘辅助线长3cm。

⑥ 绘制领角辅助线，连接3cm点和领面1/3等分点。

⑦ 绘制领底弧线、领面弧线，用弧线将领底和领面弧线修顺。

领子制图见图8-5、视频8-4。

图8-5 旗袍领子制图

▶ 视频8-4 ◀

（五）旗袍绘制完成图

旗袍绘制完成图见图8-6。

图8-6 旗袍绘制完成图

第二节　旗袍放缝与排料

一、旗袍净板

旗袍的净板完成图如图8-7所示，包含后片、前片、领子、袖子。

图8-7　旗袍净板

二、旗袍毛板

旗袍毛板如图8-8所示。

图8-8　旗袍毛板

三、旗袍排料图

旗袍排料图如图8-9所示，以面料幅宽150cm为例单层进行排料。

图8-9 旗袍排料图

第三节 旗袍缝制工艺流程

旗袍的缝制工艺流程如图8-10所示。

图8-10 旗袍缝制工艺流程图

第四节　旗袍缝纫方法与步骤

一、样片准备

1. 面料裁剪

旗袍裁剪完成图如图8-11所示，包含左前片、右前片、后片、领子、袖子。

2. 粘衬

领子、后中心粘衬，领子粘衬如图8-12所示，图8-13所示为后中心绱拉链位置粘衬。

图8-12　领子粘衬

图8-11　旗袍裁剪完成图

图8-13　后中心绱拉链位置粘衬

二、方法与步骤

1. 缝合后片腰省

从一侧省尖点沿省道线开始缝合，一直到另一侧省尖点，省尖点不打倒针，打结固定。如图8-14所示为标记后省道线，如图8-15所示为缝合后腰省，如图8-16所示为熨烫后腰省。

图8-14　标记后省道线　图8-15　缝合后腰省　图8-16　熨烫后腰省

2. 缝合前片腰省、侧缝省

前腰省缝合时从一侧省尖点沿省道线开始缝合，一直到另一侧省尖点，省尖点不打倒针，打结固定。侧缝省缝合时在侧缝位置按剪口位置对位进行缝合，起针打倒针固定，一直缝合到省尖点，省尖点不打倒针，打结固定。图8-17所示为标记前腰省，图8-18、视频8-5所示为缝合前腰省，图8-19、视频8-6所示为缝合侧缝省，图8-20所示为整熨前片省道。

图8-17　标记前腰省　　　　图8-18　缝合前腰省

图8-19　缝合侧缝省

▶ 视频8-5　　　▶ 视频8-6

图8-20　整熨前片省道

3. 缝合后中缝

从拉链止点开始打倒针固定牢固，1.5cm缝份一直缝合到下摆并打倒针固定牢固（视频8-7）。图8-21所示为缝合后中缝，图8-22所示为整熨后中缝。

▶ 视频8-7 ◀

图8-21 缝合后中缝

图8-22 整熨后中缝

4. 缝合肩缝

前后片肩缝正面和正面相对1cm缝份进行缝合，两端打倒针固定牢固。图8-23、视频8-8所示为缝合肩缝，图8-24所示为整熨肩缝。

图8-24 整熨肩缝

▶ 视频8-8 ◀

图8-23 缝合肩缝

5. 肩缝包边

将肩缝用包边条包边，缝线距包边条边0.1cm，起针和止点打倒针固定。图8-25所示为肩缝包边。

图8-25　肩缝包边

6. 绱袖子

衣身和袖子面料正面和正面相对，按对位点1cm缝份进行缝合，两端打倒针固定牢固。图8-26所示为绱袖子。

图8-26　绱袖子

7. 绱领子

领面领底夹镶衣身，三层一起1cm缝份进行缝合，领底后中心留2cm不缝合，两端打倒针固定牢固。图8-27、视频8-9所示为绱领子。

▶ 视频8-9 ◀

图8-27　绱领子

8. 整熨领子

领面和领底相对，整熨平整，图8-28所示为整熨领子。

图8-28 整熨领子

9. 绱拉链

在拉链和衣身标记对位点，按照对位点进行拉链缝合，起针和止点打倒针固定。图8-29所示为绱拉链。视频8-10为手针固定拉链-1，视频8-11为手针固定拉链-2，视频8-12为绱拉链。

图8-29 绱拉链

▶ 视频8-10 ◀

▶ 视频8-11 ◀

▶ 视频8-12 ◀

10. 后中心包边

将后中心缝份用熨烫好的包边条进行包边，缝线距包边条折边0.1cm，从下摆包边到领口。图8-30所示为后中心包边。

图8-30 后中心包边

11. 袖窿包边

将熨烫好的包边条沿袖窿进行缝合，缝线沿包边条压0.1cm明线，图8-31所示为袖窿包边。

图8-31　袖窿包边

12. 领子、大襟、侧缝、下摆包边

将熨烫好的包边条从后领中心开始，沿大襟、侧缝、下摆一直到另一侧后领中心进行缝合，缝线沿包边条压0.1cm明线。图8-32所示为领子、大襟、侧缝、下摆包边。

图8-32　领子、大襟、侧缝、下摆包边

13. 整熨领子、侧缝和大襟

将绱完包边条的领子、侧缝和大襟进行熨烫整理。

14. 固定大襟和底襟

将大襟和底襟按对位点摆放好并用手针固定，沿包边条0.1cm进行缝合固定（视频8-13）。图8-33所示为固定大襟和底襟。

▶ 视频8-13 ◀

图8-33　固定大襟和底襟

15. 缝合侧缝

将面料前后片正面和正面相对，1cm缝份从腋下点开始缝合，缝合到开衩位置，两端打倒针固定牢固，劈缝熨烫平整。图8-34、视频8-14所示为缝合侧缝。

16. 整熨侧缝

旗袍左右两侧侧缝劈缝进行整熨，注意开衩位置整熨平整、拼合处圆顺。图8-35所示为整熨侧缝。

▶ 视频8-14 ◀

图8-34　缝合侧缝　　　　　图8-35　整熨侧缝

17. 钉扣

按照扣位缝合扣子，缝合时针距间隔0.2cm，要均匀进行缝合（视频8-15）。

18. 后整理

最后将领底襟在绱拉链位置用手针进行缝合（视频8-16）。

▶ 视频8-15 ◀

▶ 视频8-16 ◀

19. 旗袍完成图

旗袍完成图见图8-36、图8-37。

图8-36　旗袍正面　　　　　　　图8-37　旗袍背面

第九章

时尚服装款式制图

第一节 羊腿袖女衬衫制图

一、款式特征

① 一片羊腿袖。

② 衬衫领结构。

③ 前片腰省＋腋下省，后片两个腰省。

④ 胸围加放8cm放松量。

⑤ 合体结构。

款式图见图9-1。

图9-1 羊腿袖女衬衫款式图

二、规格尺寸

165/88A规格尺寸见表9-1。

表9-1 165/88A规格尺寸 单位：cm

部位	衣长L	腰节长	胸围B	肩宽S	袖长SL	袖口CW	领围N
成品尺寸	65	41	96	39	58	13	45

三、结构制图

结构图如图9-2、图9-3所示。

图9-2　羊腿袖女衬衫结构图

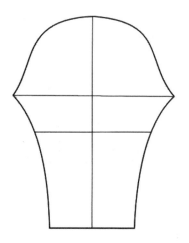

图9-3　袖子展开图

第二节　不对称女裙裤制图

一、款式特征

① 前片不对称结构。

② 前片四粒装饰扣。

③ 前片左侧斜插兜。

④ 后片为对称裙裤结构。

⑤ 后片两个贴兜。

款式图见图9-4。

图9-4　不对称女裙裤款式图

二、规格尺寸

165/72A规格尺寸见表9-2。

表9-2　165/72A规格尺寸　　　　　　　　　　　　　　　　　　　单位：cm

部位	腰围W	臀围H	裤长TL	腰宽
尺寸	74	102	50	3

三、结构制图

结构图如图9-5所示。

图9-5　不对称女裙裤结构图

第三节　春秋休闲女西服制图

一、款式特征

① 两粒扣。

② 西服翻领。

③ 前片两个贴兜。

④ 三开身结构。

⑤ 两片袖。

⑥ 后中心断开加褶裥。

款式图见图9-6。

图9-6　休闲女西服款式图

二、规格尺寸

165/88A规格尺寸见表9-3。

表9-3　165/88A规格尺寸　　　　　　　　　　　　　　　　单位：cm

部位	胸围B	衣长L	袖长SL	肩宽S	领围N	袖口CW
尺寸	98	75	58	40	42	13.5

三、结构制图

结构图如图9-7所示。

图9-7　休闲女西服结构图

第四节　春秋休闲男西服制图

一、款式特征

① 两粒扣。

② 西服翻领。

③ 前片两个贴兜。

④ 三开身结构。

⑤ 两片袖。

⑥ 后中心断开。

款式图见图9-8。

图9-8　休闲男西服款式图

二、规格尺寸

175/92A规格尺寸见表9-4。

表9-4　175/92A规格尺寸　　　　　　　　　　　　　　　　单位：cm

部位	衣长L	胸围B	肩宽S	袖长SL	领围N	袖口CW
尺寸	78	108	46	59	43	15

三、结构制图

结构图见图9-9。

图9-9　休闲男西服结构图

第五节　立领男夹克制图

一、款式特征

① 前中心装拉链。

② 立翻领。

③ 插肩袖。

④ 前片两个斜插兜。

⑤ 后片为一整片。

款式图见图9-10。

图9-10　立领男夹克款式图

二、规格尺寸

175/92A规格尺寸见表9-5。

表9-5　175/92A规格尺寸　　　　　　　　　　　　　　　　　　单位：cm

部位	衣长L	胸围B	肩宽S	袖长SL	领围N	袖口CW
尺寸	68	112	46	60	45	13

三、结构制图

结构图见图9-11。

图9-11　立领男夹克结构图

第六节　长袖开襟旗袍制图

一、款式特征

① 立领结构。

② 前片不对称结构，右衽开襟。

③ 高开衩。

④ 一片袖结构。

款式图见图9-12。

图9-12　长袖开襟旗袍款式图

二、规格尺寸

165/88A规格尺寸见表9-6。

表9-6　165/88A规格尺寸　　　　　　　　　　　　　单位：cm

部位	衣长L	胸围B	腰围W	臀围H	袖长SL	肩宽N	领围N	袖口CW
尺寸	120	94	74	98	58	40	40	13

三、结构制图

结构图见图9-13。

图9-13 长袖开襟旗袍结构图

第七节 落肩袖女大衣制图

一、款式特征

① 宽松型落肩袖大衣。

② 大翻领两粒双排扣。

③ 前片两个贴兜。

④ 后片两片。

款式图见图9-14。

图9-14　落肩袖女大衣款式图

二、规格尺寸

165/88A规格尺寸见表9-7。

表9-7　165/88A规格尺寸　　　　　　　　　　　　单位：cm

部位	衣长L	胸围B	领围N	肩宽S	袖长SL	袖口CW	领座SC	领面
尺寸	85	114	40	42	58	15	3	4.5

三、结构制图

结构图见图9-15。

图9-15　落肩袖女大衣结构图

► 参考文献

[1] 张灵霞.服装CAD制图与推码技术[M].北京：化学工业出版社，2018.

[2] 张灵霞.图解女装制板与缝纫（视频版）[M].北京：化学工业出版社，2022.

[3] 何歆，张灵霞.图解女装制板与缝纫入门[M].北京：化学工业出版社，2020.

[4] 刘建平.服装裁剪与缝纫轻松入门[M].北京：化学工业出版社，2011.

[5] 张明德.服装缝制工艺[M].北京：高等教育出版社，2005.